每一天怦然心动的整理魔法

[日]近藤麻理惠——著
程亮——译

彩色图文典藏版

毎日がときめく片づけの魔法

CNS PUBLISHING & MEDIA
湖南文艺出版社 HUNAN LITERATURE AND ART PUBLISHING HOUSE
博集天卷 CS-BOOKY

对你而言，最重要的事情是什么？

整理，不单单是收拾房间，还具有改变人生的力量。

你觉得最大的改变是什么呢？

经过一番整理之后，有些人工作与恋爱如鱼得水，有些人找到了理想的人生伴侣，还有些人找到了属于自己的梦想。

然而，在整理的众多效果之中，最令人惊讶的就是，它能让你一天比一天更爱自己。

留下令自己心动的物品，丢掉不令自己心动的物品，在这个过程中，我们培养了“选择力”“决断力”“行动力”，让自己变得更自信。

我们会对什么样的东西怦然心动？对什么样的东西不感兴趣呢？

在反复自问的过程中，我们就能发现对自己而言最重要的东西是什么，最重要的事情是什么。

当一个人喜欢上自己后，心态就会变得从容平和，从而能够愉快地享受每一天。

每一天怦然心动的
整理魔法

目录

CONTENTS

第一章 与自己对话

第二章 与你的家和物品对话

第三章 想象理想家居

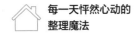

第四章　享受整理仪式

第五章　尽量折叠，直立收纳

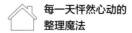

每一天怦然心动的
整理魔法

在整理中存在特定“淤点”的人，
在人际关系、工作以及生活中的其他方面，
必定也存在“停滞不前”的问题。

与自己对话

第 一 章

每一天怦然心动的
整理魔法

整理是否让你感到焦头烂额？

今天又没时间整理了。

整理还是没能完成。

还要再多丢些东西才行。

房间还要更干净整洁一些。

不知不觉间，整理是否让你感到焦头烂额？

全身心地拼命整理家里，猛然回过神来，才发现自己只想着如何减少物品，或是感觉永远也整理不完，不禁对未来的状况感到不安……

最近经常有人向我倾诉这样的烦恼，这让我相当担忧。

想要度过怦然心动的每一天而开始整理，却体会不到怦然心动的感觉。

出现这种情况的原因在于，整理前没有想象过整理后的家庭环境和理想生活是什么样子，也没有意识到自己目前的整理状态。

不过，不要担心。就算知道问题所在的我，在整理以外的其他方面，也经常处于同样的状态。

比如，我明明很喜欢工作，可是一旦日程安排得满满当当，就会觉得喘不过气来；人际交往方面相当顺遂，却也会莫名其妙地感到不安；对于平时根本不会在意的小事，有时候也会忍不住大发雷霆……

这个时候，我一定会把心里所想写下来。

每当心情极度沮丧、无法原谅某人，或是一想到做某件事就心潮澎湃的时候，我一定会坐在心爱的书桌前，用电脑记录下当时的心情。这张书桌我从大学使用到现在，已经十多年了。我写下的东西不会让别人看，只有自己知道。

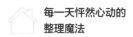

记录心情要一气呵成，在一小时内完成。

遇到自己迷失方向、不知为何裹足不前，或是心头浮现出重要字句时，我建议不用电脑，改用手写的方式记录下来。这样就可以在安静的咖啡馆或是公园里的长椅等不同的地方慢慢地写下来。

此外，我会依照用途使用笔记本、便笺或复印纸，比如会在使用过的复印纸的背面写下那些想要发泄的不快心情。

如果使用包装精美的笔记本，就会下意识地想把字写得漂亮些，心有顾虑自然难以尽兴。

虽然我平时不会特意留存复印纸备用，但需要用的时候，通常只要找一下就能找得到。

大约从五年前起，我开始使用又细又短的木杆自动铅笔记事。在此之前，我用的是书写顺滑流畅的水性圆珠笔，但写下来的字迹过于清晰，说不定旁边的人一不小心就会瞄到纸上的内容，那样的话我会觉得很难为情。而且我先入为主地认为，清晰的字迹与写下郁闷情绪时的心境并不相符，所以才改用自动铅笔。

无论选择哪种方式，只要把负面情绪全部宣泄出来，就会发现意想不到的牵动心绪的原因。直到那一刻才发现原来自己怀着这样的想法，然后为之羞愧或自豪……

这就像在“整理仪式”上把所有东西拿出来集中到一起一样。

当你开始觉得整理痛苦时，不妨先休息一下。

泡一杯茶，坐下来好好思考自己的生活以及围绕在身边的物品。

要知道，整理的目的并不是一味地减少物品，也不单单是为了得到一个清爽整洁的生活空间。

度过令人心动的每一天，拥有怦然心动的人生，这才是从整理中得到的最大收获。

你知道自己真正想整理的是什么吗？

你想过自己为什么想整理吗？

一般人突然被问到这个问题时，可能会下意识回答“因为想要住在一个干净清爽的环境里”，或是“想要减少找东西的时间”。总之，大多数人全部的精力都集中在清理眼前空间这件事情上。

当然，这个想法并没有错。

因为整理家里本来就是物理性作业的身体劳动。

可是，如果想要施展“怦然心动的整理魔法”，不妨在整理之前先好好考虑几件事情。

每一天怦然心动的
整理魔法

每次上整理课（更像是整理咨询服务）时，在进入讲解实际整理术之前，我都会先向客户提出各种问题，例如：

你是否从小就不擅长整理？
你的妈妈是擅长整理的人吗？
你现在从事什么工作？
为什么选择这份工作？
你在假期都做些什么？
你从什么时候开始从事自己感兴趣的事情？
做什么事的时候最令你开心？

乍一看，有些问题跟整理毫不相干，但我还是会根据实际情况，和客户花上一小时来好好谈心。

当然，我之所以提出这些问题，并非出于好奇，而是为了让整理过程更加顺利。

整理时，我们经常会遇到“在某个特定种类物品（如衣服、书籍等）的整理上进展缓慢甚至停滞不前”的情况。

比如说，有的人就是对丢弃衣服无能为力，整理时左挑右选，却一件也舍不得扔；有的人则只对洗涤剂感兴趣，大瓶大瓶地买回来囤积在家里。

如果把整理的过程比作疏通人体内的血脉，这些情况就相当于血脉中的“瘀点”，也就是整理中的“瘀点”。

在整理中存在特定“瘀点”的人，在人际关系、工作以及生活中的其他方面，必定也存在“停滞不前”的问题。

例如，“觉得现在的工作很没意思”，“在一些事情上无法原谅母亲”，等等。

无论当事人是否能清楚地意识到这一点，“疏通”生活中的这些“瘀点”，才能真正解决问题，这就是我在正式讲课前向客户提问的目的。

不过，提出这些问题后，我并不会当场给出相对应的建议，或是要求客户必须考虑如何解决，我所做的，就只是单纯地提问而已。

但不可思议的是，只要客户能在整理之前注意到自己“尚未整理的部分”，在心里稍加留意，后续的整理进度就会明显得到提升。

当弄清楚自己为什么舍不得丢掉东西，察觉到自己对什么事物过于执着后，就会让整理进入一个更高的境界。

物品的保留方式其实和人际关系、工作、生活方式息息相关。

如果能同时疏通整理过程中和自身存在的“瘀点”，效率自然会大大提高。

整理，就是整顿清理所有的人、事、物。

现在你不妨再仔细想一想，你最想整理的究竟是什么？

每一天怦然心动的
整理魔法

你希望怎样度过早晨起床到出门的这段时间？

早晨起床后，我会先**打开卧室的窗户，让新鲜的空气涌入室内。深呼吸，让身体充分吸入新鲜的空气，对房间角落里的观叶植物打个招呼，道一声“早上好”。**

然后我会拆下床单和枕套，丢进洗衣机。往浴缸里注入热水的时候，我会顺便准备早餐。

一边泡在浴缸里一边整理今天该做的事。有时候我会把笔记本电脑带进浴室查阅邮件，或者做一些文案工作。

泡完澡后，做皮肤护理，吃早餐，晾晒洗好的床单和枕套。

早餐我都会吃一碗米饭和一道小菜，喝一碗酱汤，或者将昨天购买的可口的面包烤热吃。

如果当天不怎么饿，我就吃一些由水果和蔬菜制成的蔬果泥。

根据菜谱和季节，我会使用不同的餐垫和筷架。

吃饭时聆听的音乐也会根据菜色的风格而变换，比如，吃日本料理时播放笛子乐曲，吃面包时则播放古典音乐。

悠闲地吃完早餐，再喝一杯餐后茶，然后收拾餐具。

最后花三分钟化完妆，迅速换好衣服，出门上班。

这就是我心中“理想的早晨”。

虽然很难做到天天如此，但是我从早晨起床到出门的这段时间，基本上都是这样度过的。

不过说实话，一开始我的早晨也不像我上面说的那样理想。不久之前，每天早上我还都是手忙脚乱的，完全不记得自己做过什么。有时还会睡过头，后果之悲惨可想而知。

直到有一天，我认真地想了想。

对我来说，“理想的早晨”究竟是什么样子的呢？

于是我把早晨想要做的事写在记事本上，制订了一张时间规划表，还把杂志上诱人的早餐照片剪下来贴在记事本上。我无数遍地翻阅记事本上的这些内容并尝试，直到不经意间自己早已忘记记事本的存在时，才发现自己已经拥有“理想的早晨”了。

尽管过去的日子不堪回首，但那些经验告诉我，**如果从早晨起床到出门的这段时间过得愉悦，就能大幅提升这一天的怦然心动的感受度。**

当然，并不是说只有悠闲的早晨才是理想的。

某位客户曾表示：“从起床到出门的这段时间，控制在十分钟以内是最理想的。”也就是说，为了做到这一点，必须提前一天把一切都准备好，第二天一起床就洗漱、更衣、化妆，早餐在外面的咖啡馆解决即可。

由此可见，有的人就是愿意尽可能地在外面度过早晨的时间。

整理过后，当你意识到你心中“理想的早晨”是什么样的时，通常很快就能实现自己所想。

那么，你希望怎样度过早晨起床到出门的这段时间呢？

不妨试着想象一下，能让你一整天怦然心动的感受度大大提升的理想的早晨，究竟是什么样子的呢？

每一天怦然心动的
整理魔法

你希望晚上入睡之前做些什么？

在我的印象中，女性“睡前要做的事”，如果列举出来，简直数不胜数。

我在上学时也曾追逐潮流，曾一度按照杂志上的睡前特辑的介绍，每天做伸展运动、面部按摩、瑜伽等等。而且我是那种“一旦要做就要在短期内彻底搞定”的人，所以一旦开始做某件事，我就会在一段时间内每天认真执行，毫不懈怠。

不过，自从我踏入社会工作后，变得越来越忙碌，渐渐地我开始晚上不卸妆睡觉，甚至躺在地板上睡觉，后来整个人趴在笔记本电脑前睡觉……

以前，我的睡前理想是“点着熏香，喝着香草茶，欣赏优美的摄影集，放松心情，听听古典音乐，做做皮肤护理，再做几套伸展运动，然后冥想，最后睡觉”。可现实情况却是，我一下子就堕落到了“洗把脸就睡”的地步。

后来，我决定不再像以前那样过度忙碌了，但每周还是会有两天忙着忙着就一头睡过去了。

而现在我的睡前时间基本上都是先泡澡，再做皮肤护理，然后入睡。

有的时候，我会点上熏香，做做瑜伽，翻看“怦然心动的剪贴簿”，等等。每次挑选的项目都不一样，可以根据当天的时间和心情实现多种搭配。

我喜欢利用早晨的时间做事，所以睡前的这段时间，并没有固定要做的事。

睡前做什么完全随心情，唯一的目的就是放松身心，睡个好觉就行。

与其说睡前要“做什么”，我可能更在意“不做什么”。

比如，睡前不喝冷饮，不上网，不做刺激交感神经的事。

要说唯一一件必须要做的事，就是“祈祷”。

做法很简单：睡前关掉灯，躺在床上，合上双眼，在心里默念今天想要感谢的事情。仅此而已。

这个习惯是近几年才养成的。“祈祷”的对象起初是形象模糊的“神灵、祖先”，后来逐渐变成了清晰具体的身边的人和事物。

具体来说，就是从穿在身上的睡衣、床、卧室，到整个住宅，按照这样的顺序，以自我为中心扩散，在心里对所有的事物表达谢意。

然后，在脑海里描绘以自己为起点的放射状的家谱，感谢爸爸妈妈、兄弟姐妹、爷爷奶奶、外公外婆以及他们各自的爸爸妈妈……

最后，我会感谢现在的自己，切实体会到时刻被人守护的安心感，然后身体会变得非常放松，轻飘飘的，不久便能安然进入梦乡。

睡前做过祈祷，第二天早晨醒来，就会感觉神清气爽，宛如重获新生。头脑也会变得敏锐，困扰已久的烦心事一下子就能想出解决办法，从而体会到烦恼是一件多么浪费美好生活的事情。

这是一种自我核心思想复归原位的感觉，就像把所有物品收在固定位置一样。

换句话说，就是心灵在睡眠过程中自动完成了整理。

睡前点燃熏香、做瑜伽、听音乐，都能带来同样的效果。

当你可以以明净清爽的心态迎接早晨时，自然而然就能度过理想的一天。

从这个意义上来说，晚上睡前，是实现理想生活最重要的时间。

那么，你希望怎样度过入睡之前的时间呢？

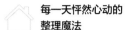

如果能梦想成真，你希望过什么样的生活？

“整理仪式”开始之前，应该做些什么？

我的读者想必都很清楚，要做的就是“想象理想的生活”。

因此，无论面对什么样的客户，开始整理课之前，我都会先问这样一个问题：“你希望过什么样的理想生活？”

有的客户满怀憧憬地描述了自己的理想生活：“我想住在像城堡一样大的别墅里，放满各种各样大地色系的家具，在宽敞的厨房里烤蛋糕！”

可是说着说着，她就开始考虑现状，闪亮的眼神越来越黯淡。“可我现在住的是日式房间，还不到八平方米大。”最后又说：“还是现实一点儿比较好，对吧？”

每一天怦然心动的
整理魔法

老实说，不久前，如果客户向我提出这种“天马行空”的想法，我可能还不知道该怎么办。

但我还是会告诉对方，可以勤擦榻榻米，保持地面洁净，再挂上适合日式房间风格的葛饰北斋（日本江户时代后期的知名浮世绘画家）的画作方巾，而不是客户喜欢的雷诺阿（法国画家，印象画派成员之一）的画……可是，这种程度的提议想想也不会令人心动，更无法成为整理的动力。

想象“理想生活”时，究竟是应该无拘无束地尽情想象，还是应该限制在可能实现的范围内呢？

这是一个很令人困扰的问题。

理想生活、理想生活、理想生活……

“生活”这个词，究竟是什么意思呀？

我翻开词典查找“生活”一词的含义，结果发现了一个出人意料的事实。

根据日本《大辞泉》国语词典的解释，“生活”就是指“过日子，每天的生活，生计”。我又查了一下“过日子”，指的是“度过从早上到太阳下山以前的时间，度过每一天”。

也就是说，“理想生活”就是度过理想的时间，跟“理想家居”是两码事。

察觉到这一点，是我还在上学的时候。

当时，我还和父母住在一起，拥有自己的房间，虽然只有九平方米大，但已经算很奢侈了。可是说老实话，我心中一直有一个“梦想”和“愿望”——想要可以放下一张弹簧床的大卧室，想拥有一间可爱的厨房，想在阳台上养花种草，想在窗户上挂上漂亮的窗帘……

但实际情况呢？厨房是妈妈的地盘，不允许我擅自插手；我的房间又在紧邻马路的一边，别说阳台了，连扇窗户都没有。

可是我还记得，当时自己并没有特别在意这些问题，更曾公开表示：“我最喜欢自己的房间了！”

这是因为我当时一直实践着自己心中的“理想生活”，比如睡前点熏香，听喜欢的古典音乐，在床头摆一朵花作为装饰……

换句话说，**“理想生活”是需要付诸行动的。**

虽然这只是我个人的例子，但我也问过很多完成整理的人，几乎没有人整理完就突然搬家，也没有人把室内家具彻底更换，他们首先改变的都是利用时间的方式。

这样一来，即使有些地方跟一开始想象的“理想的家”不一样，最终也能喜欢上“现在的生活环境”。

即使生活环境不变，你的生活也能发生改变。

只要改变生活方式，即使住在现在的家里，也能像住在理想的家里一样，这正是整理的目的。

所以，大家在想象“理想生活”时，不要忘记自己“想要做什么”，也就是想怎样在家里度过每一天的时光。

悄悄告诉大家一件神奇的事。经常有完成整理、过上“理想生活”的客户跟我说“两年后真的搬进了理想的房子里”，“买到了一直想要的家具”，等等。这些人不仅过上了“理想生活”，而且还拥有了“理想的家”。我做这份工作这么多年，遇到过不少这类不可思议的事。

相信与否，由你自己决定。

既然想要发生改变，不妨尽情想象一下你心中最美好的理想生活吧。

每一天怦然心动的
整理魔法

你是否已经放弃拥有一个理想的居住环境？

通过改变利用时间的方法，就能越来越接近“理想生活”，但不是“理想的居住环境”。话虽如此，要说“怦然心动的整理魔法”只是用来“打造理想的居住环境”的方法，未免贬低了整理的价值。

那么，要想实现“理想的居住环境”，究竟应该怎么做呢？

比如，铺着榻榻米的日式房间，真的不能与洛可可风格的室内装饰相融合吗？

以前，我也觉得这很难办到。

然而，事实上这并不是不可能的。

我很喜欢一本书，是集英社出版的《美轮明宏时尚大图鉴》。

在这本书里，美轮先生介绍了自己年轻时居住的房间。那个日式房间还不到十平方米，却设计得美轮美奂。

在瓦楞纸板上贴一层布，铺在榻榻米上营造出一种地毯的感觉。纸门上也贴了一层格纹布，又在布的上面贴了一些气质出众的女明星的照片。

窗前挂着手工制作的粉色窗帘，衣柜、电唱机等物件都用油漆重新涂刷，并且用缎带进行装饰。

书中用插图展示出了房间的模样，就像豪华的城堡一样，看起来根本不像是日式房间。

“请务必住在美丽、时尚的房间里，不需要勉强自己搬家，也不用花冤枉钱布置，只要开动脑筋、多下功夫，就能让你此刻居住的房间焕然一新。”

书中的这句话深深地激励了我。

学生时代我有幸直接见到了美轮明宏先生本人，所以才接触到了这本书。

当时我是学校报社的成员，恰好美轮先生受邀到我们学校演讲，于是我作为社团代表采访了他。

美轮先生跟我以前见过的人截然不同。他事先在采访所在的房间里喷洒了玫瑰香水，见面开口第一句话是“多有打扰”，措辞优雅有礼。在采访过程中，他始终散发着强烈的个人魅力，令我为之折服，真正体会到了“百闻不如一见”这句话的含义。同时，他还让我感受到了追求极致生活是件多么美妙的事情。那次经历令我永生难忘。

当时，我已经开始从事整理顾问的工作，已经认识到**一个人的居住环境能够体现出居住人的个性，**所以我很想知道，像美轮先生这样的人会生活在什么样的房间里，于是就找到了刚才提到的那本书。

之后我又观察过许多人的生活，发现那些我所欣赏的人，他们的家都有一个共同点，但这个共同点绝不在于房间的大小和家具的奢华程度，而在于哪怕只是添置一件很小型的收纳家具，他们也会不断地寻找自己最中意的款式，或是换成自己喜欢的设计，并且经常进行保养。

这些人之所以不辞辛劳地做这么麻烦的事情，缘于他们心中对“理想的居住环境”的欲望。

说到“欲望”，可能很多人会对这两个字产生抵触心理，然而归根结底，这些人对“理想的居住环境”的执着，正是来自对“家”的坚持和喜爱。

所以，千万不要放弃追寻“理想的居住环境”。

请尽情想象“理想的居住环境和生活”，不要有任何顾虑。

不要从一开始就降低对“理想的居住环境”的标准，那样做毫无意义。

尽可能收集漂亮房间的照片，抽出时间仔细欣赏，想象真正能让你怦然心动的家的模样吧！

最重要的是，千万不要把漂亮的房子和现在居住的房子做比较。

实话实说，我以前也曾讨厌过自己的家，看见那些豪宅的照片，就觉得“好羡慕啊”或是“自己不可能拥有那样的生活”。

如果你也和那时的我一样，那我建议你参考一些缺乏生活感的酒店房间特辑、外国住宅的照片、室内装饰影集等等。

只有找到自己“真正想要的理想居住风格”时，才能让你朝着理想生活更进一步。

所以，**不要对想象理想生活有任何限制，要充分发挥想象力，找到真正能让自己怦然心动的生活。**

没关系的。

只要肯下功夫，多多努力，你的家一定会变得越来越理想。

每一天怦然心动的
整理魔法

你想过什么时候完成整理吗？

整理要“在短期内彻底完成”。

这时就会有人问我：“您所谓的短期大概是多久啊？”

答案因人而异。

有人需要一个星期，也有人可能需要三个月或半年。关键在于，你自己想在多长时间内完成整理。

一般来说，事先没有清楚地设定完成的时间，就会不断拖延，整理也就永远不会完成。

不瞒大家说，我经常拖延的事情，就是写书。

尽管有些羞于开口，可我还是想以自己为例，向你们公开第一次写书时的经历。

当时，在出版社的会议室里，我滔滔不绝地讲述着自己对整理的热爱，介绍实用的整理方法，以及整理后的每一天将会多么令人怦然心动。我足足说了两小时。

一位编辑听完似乎深有同感，希望我把这些想法写出来。她没说截稿日期，也没有其他要求，就这样我开始撰写书稿。

可是等我回到家，独自坐在房间里时，原本在会议室里的满腔热情已冷却了下来。我本来就是“整理的命”，要我一直坐在椅子上用电脑噼里啪啦地打字，这简直就是一种折磨。于是，我给自己找出各种理由，一直逃避写作。

就这样过了两个星期，我给那位编辑发去一封邮件，内容是：“很抱歉，我一个字都还没写出来。”

我当时简直要惭愧死了。

后来，我请那位编辑给我规定了具体的截稿日期，而我有时也会主动提出交稿的日期……老实说，虽然我爱拖延的毛病仍旧没有改掉，还是经常赶在截稿日期前一天才勉强写完，但至少不会再出现一个字都没写的窘境。

正因为整理不是工作，规定截止日期才格外重要。

当你感到后劲不足的时候，请务必告诉身边的人："我要在年前完成整理！"因为整理不像工作那样有强制力，所以当一个人对关照自己的前辈或尊敬的朋友做出这样的保证时，就会为了不辜负对方的期望而努力遵守诺言。

在整理以外的其他方面，也可以使用这种"期限宣言法"。比如，当别人有事拜托你的时候，你可以明确地告诉对方："我会在几月几日的几点之前给你答复。"想培养新的爱好时，也可以主动跟别人说："我要在今年十月之前学会做面包。"这样一来，"一不留神半年过去了"的情况就会大大减少。

以前，有一位女士立志在育儿休假期内完成整理。结果，她的整理速度让我大吃一惊。

她一边嘀咕着"心动""不心动"，一边筛选物品，手上的动作极为麻利，快得令人瞠目结舌。

而且，眼看着距离假期结束只剩下几天时间，马上就要去上班了，完成整理似乎已经来不及了，她却说："今天中午我无论如何都想去吃那家店的咖喱，假期结束后就不能吃了。”结果我和她走了十五分钟，一起去那家咖喱店吃了咖喱。我当时心里还想：“这样还能整理完吗？”很为她担心。

可是最后，她还是成功地完成了整理。

当一个人做一件事情有了截止日期，就会比平时更加充满干劲、更加努力。人就是这样有趣的生物。

你打算到什么时候完成“整理仪式”呢？

请立刻翻开日程表，写下“整理仪式”的截止日期吧！

就是现在，马上！

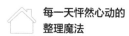

你打算从哪一天开始整理？

你打算从什么时候开始整理？

你预计什么时候完成整理？

这两个问题看起来似乎差不多，其实完全是两码事。

实际上，当我向客户提出这两个问题时，从他们的回答中就能看出明显的差异。

“你预计什么时候完成整理？”

“我想在年前结束。目标是明年重获新生，做一个全新的自己，把自己嫁掉！”

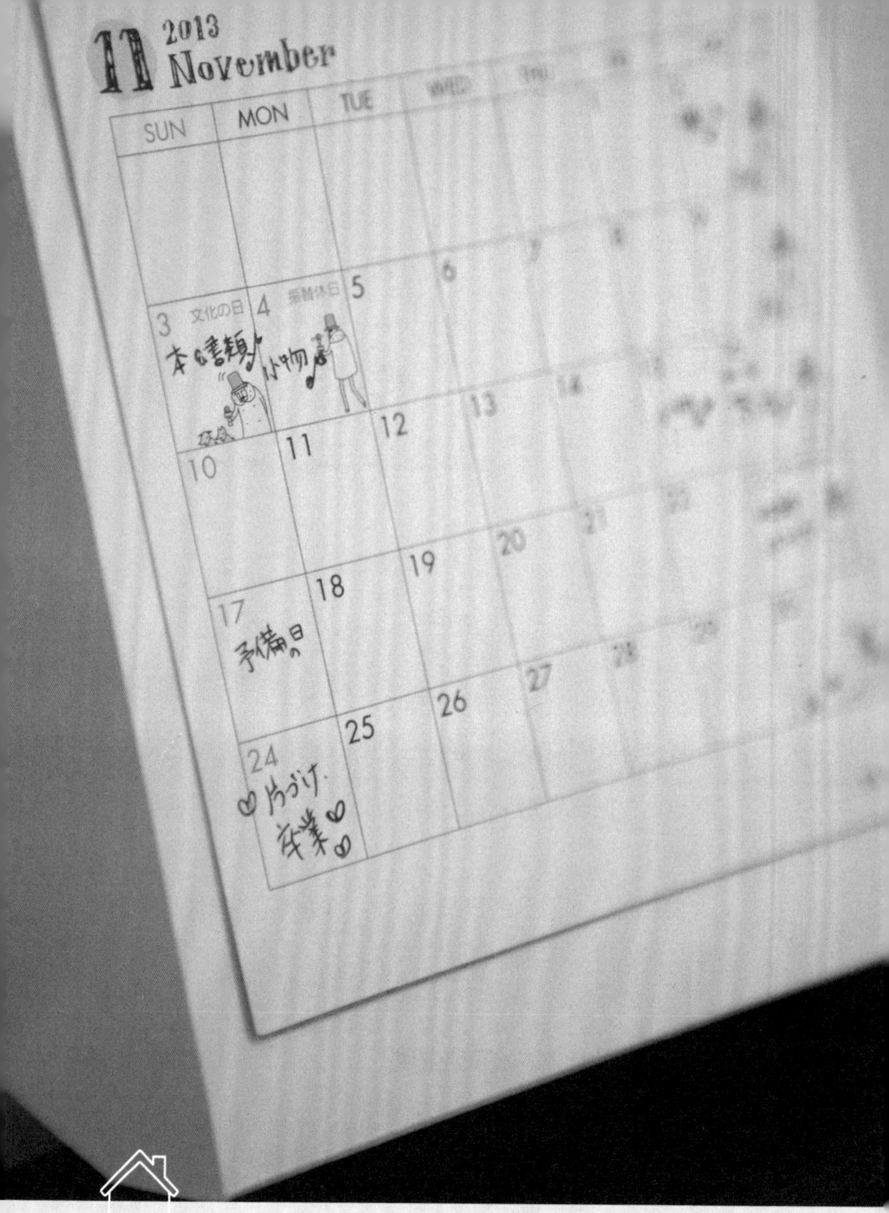

11
2013
November
SUN
MON
TUE
3 文化の日
本と書類
4 振替休日
小物
17
予備日
24
片づけ
卒業

“当然是在下个生日之前！然后我要买憧憬已久的茶具，作为生日礼物送给自己。我的梦想就是坐在满是鲜花的房间里悠闲地喝茶。”

客户们在记事本上用力写下完成整理的日期，满怀憧憬地描述着整理完成后的生活。

另一方面，对于“什么时候开始整理？”这个问题，客户们的回答却是这样的：

“嗯，这个月的周六都有事……暑假我还想去旅行。”

“前一晚要聚餐，所以第二天可能会很累。当天下班后可能也有别的事……”

他们的目光总是在日程表和我的脸上反复游移，一边观察着我的反应，一边面露难色地做出这样的回答。

没错。

整理的“毕业日”会让人憧憬，“开学日”却要考虑现实状况。

所以，考虑“从什么时候开始整理”，确实让人缺乏干劲。

顺便说一句，我的客户有的会在自己家里的日历上标出每个月要上整理课的日期。有些客户会写“整理课，放马过来！”鼓励自己。这算是比较不错的。

而有些客户却在整理课日期旁边，画一个三角形，里面有个感叹号。那可是表示“危险”的交通标志。

最让我震惊的是，还有客户竟然在日期旁边画了一个骷髅头……简直是把教授整理课的我当作危险人物对待。

我忍不住询问那些客户的真正想法，得到的回答却是：“无论往后等待我的是什么，我都要勇敢接受。我已经做好死了都要完成整理的心理准备。”他们回答时格外郑重的表情，吓得我差点儿把拎在手上的袋子掉在地上。

我想说的是，大家在开始整理之前，往往都会先给自己打气，提前做好充分的心理准备，然后再全身心地投入到整理当中去。

不可否认的是，有的人一旦确定要整理，就会立刻付诸行动，毫不犹豫地开始收拾衣服，进行取舍……像这种想到就做的人的确存在，但绝对不多。

大多数人为了抽出时间整理，都要瞪大眼睛看着日程表，想方设法调整安排，甚至要请年假或是取消早已定好的约会。

上课时，很多人都会对我说：“我昨天整理到后半夜两点钟。”“我昨天熬夜整理了。”

看着那些脸色发白、昏昏欲睡的客户，我不禁想吐槽说：“距离上一堂课可都过去一个多月了，昨天才开始整理吗？”

不过，想想我以前写书的时候，也是在截稿日期的前一天熬夜赶稿。看来大家都一样，都习惯于“临时抱佛脚”。

所以，你也没必要再以“太忙”之类的话为借口了，请你再次翻开日程表确认时间。

没关系，你会做到的。

整理一定能够完成。

有许多人和你一样，每天都在为了整理而努力奋斗。

好了，现在请你告诉我，你打算从什么时候开始整理呢？

每一天怦然心动的
整理魔法

珍惜爱护一样物品，

你与它之间的关系就会加深。

这样一来，

你与其他物品之间的关系也会更进一步，

让彼此闪闪发光。

与你的家和物品对话

第　二　章

每一天怦然心动的
整理魔法

假设你的家有自己的个性，它会是个什么样的人？

“不同的家，有不同的人格和个性。”

听到这句话，可能很多人会觉得莫名其妙，但这是我年复一年去别人家里指导整理后的切身感受。当然，非要让我说出个所以然来，其实我也不能讲得很明白，这只是我的个人感受。

有些家偏女性化，有些家偏男性化。有的家年轻活泼、青春洋溢，有的家成熟稳重，让人感到心安。当然，也有些家有着非常独特的个性，比如，能说会道、沉默寡言、画面感强烈等。

每个家的个性和沟通形态都不一样。这是一件很有趣的事情。

所以，上整理课时，我一定会先了解要面对的是个拥有什么样个性的家。

方法非常简单，就是**“跟房子打招呼”。**

“您好，今后我要在这里整理物品了，还请您多多帮忙。”然后我会认真感受这个家给我的回复，根据感受到的回应来判断它的个性。

不过，不必为了这件事情而绞尽脑汁，只要像平时和朋友们聊天那样，大概了解对方是个什么样的人就好。

也许有人会想：“了解这一点有什么用呢？”

老实讲，其实毫无用处。

但是，如果一开始就能跟家好好沟通，等以后遇到了“不知道怎么处理的收纳问题”时，往往就能灵机一动，想出很容易解决的办法。所以说，家其实是相当温柔体贴的。

我自己也是这样，就算工作上有什么烦心事，只要回到家，就仿佛投入了一个无比温柔的怀抱，到第二天早上醒来，烦恼往往已经烟消云散。

就当是被我骗，也请你尝试一下。

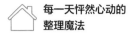

你堆积的物品是否已经无法呼吸？

衣柜里塞得满满当当的衣服，随意堆在地上的书和杂志，放在书架上总也不会收起来的小物件。

在你的房间里，堆积的物品是否已经无法呼吸了？
请打开你的耳朵，仔细倾听每一件物品的心声。

如果一时半会儿听不见，不妨试试我的这个绝招——一人戏剧部。

先关闭正在播放的音乐，再环视房间，如果注意到哪个物品，就把自己彻底想象成那个物品，然后说出它的台词。

此时，你可能说出口的话是“我身上的东西好重，压

每一天怦然心动的
整理魔法

得我喘不过气”，“请把我放进那个抽屉里”，“我现在的状态很舒服”。

将心里所感受到的情绪直接表达出来，渐渐地你就会了解物品的感受。

每天如此感受，演技就会自然而然地达到巅峰状态。这时，你绝对已经忍不住想要开始整理了。

老实说，聆听物品的心声要比聆听家的心声容易得多。每天不断听到家中物品对你提出收纳或者丢掉的要求时，你一定会立刻就想要付诸行动。

所有物品都希望能为你发挥出它们的功用。

请仔细想一想，怎样做才能让这些物品生活在更舒服的空间里。

思考收纳的本质就在于此。

在我看来，收纳就是一个让所有物品各得其所的神圣仪式。为此，你应该尝试理解物品的情绪，设身处地地为物品着想。你会发现整理并不只是单纯的收纳技巧，更能够帮助我们加深与物品之间的交流。

每一天怦然心动的
整理魔法

到目前为止，陪伴你最久的物品是什么？

环视你的房间。

在众多物品当中，陪伴你最久的是哪一个？

我所指的并不是连你自己都忘记它的存在的物品，而是时刻在你身边发挥重要作用的物品。

对我而言，这个物品是缝纫箱。

那是我小学一年级时，父母送给我的圣诞礼物，是一个带有把手和抽屉的木箱，箱盖上的金属零件曾经坏过一次，修好后，却奇怪地留下了一个洞。尽管如此，我还是很喜欢它深棕色的木质纹理以及木刻的花朵图案。它现在已经不是缝纫箱了，变成了我常用的化妆箱。

与一个物品共处了这么久，想到自己过去人生中的喜悦、悲伤都由它见证，自己真实的一面完完全全、毫无保留地被它看见，有时会感到很难为情，但有时又觉得它是一位值得信赖的好朋友，在它面前可以毫无保留地做自己。即便是我的缺点，它也会张开怀抱接纳，令我感到非常安心。

如果你也找到了这样的物品，请怀着“今后也请多多关照”的心情，好好地珍惜爱护它吧。

这些物品一直默默地守护在你的身边，现在该是你回报的时候了。

珍惜爱护一件物品，你与它之间的关系就会加深。这样一来，你与其他物品之间的关系也会更进一步，让彼此闪闪发光。

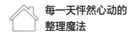

你最喜欢的物品是什么？

“你遇到过看了一眼就想要一直拥有的物品吗？”

得到的回答通常分为两种。

第一种属于“一见钟情型”，以遇见那个物品时的兴奋之感为主。例如，他们会说：“看见它的一瞬间，受到极大的冲击，脑袋里就像拉响了警笛一样。”

第二种则属于“日久生情型”。他们会细细讲述与那个物品相处的点点滴滴，会说：“回头一看，它已经和我在一起二十多年了。”

有趣的是，当我询问第二种人与令他们心动的物品相遇瞬间的心情时，许多人的回答竟然是“不记得了”“只是随手买的”。

每一天怦然心动的
整理魔法

我是在刚开始从事整理工作时注意到这一点的。当时我还是个大学生，很期待听到**“在遇见它的第一秒，就认定是它了！”**这样的回答，觉得这样的回答才是理所当然的。所以我对“日久生情型”的人充满了好奇。

那么对我来说，长久相伴的物品究竟是什么呢？

仔细想想，它就在我身边。

那就是我的记事本。

从上中学起，我就一直使用同一款记事本，算起来已经超过十五年了。每次遇见中学同学，他们看到我还在用同一款记事本时，就会惊讶地问我：“你还在用这款记事本呀？”

那是一种很袖珍的记事本，大概像以前的盒式磁带一样大，结构简单，页数很少，只能简单地写写一个月内的计划。

不过，它的内页是彩印的，而且每页纸上都有一个中年大叔的头像，这个头像会在每月第一天变成憨厚的笑脸，每处细节都让我心动不已。

有段时间，我也用过别的记事本，比如那种内页可以更换的活页记事本，还有把一天细分成二十四小时可以详细记录事件的厚记事本，但我都没有用满一个月，就换回了原来的那种记事本。

可以说，这种记事本就是我一直想要拥有的物品。

然而不可思议的是，回头想想，我竟然完全不记得当初为什么会买下这种记事本。

“相遇时所受到的震撼，或许跟想不想一直拥有并没什么关系。”

在我思考与物品相遇这件事的过程中，竟开始对“遇见命中注定的那个人”的情景产生兴趣。上整理课时，当整理出客户与另一半之间充满回忆的物品时，我就会趁机打听他们当初相遇时的情形。

许多人的回答是“他是我的同事”“不知不觉就在一起了”“并没有一见钟情”，接着一定会说“我们就是自然而然地在一起了”。

我所问的客户大多是女性，当然未必所有人都有这样的经验。

但可以肯定的是，无论是物品还是人，能够称为“命运安排”的不解之缘，与相遇时的震撼无关，**彼此合适才是最重要的。**

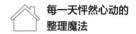

是否遇到过第一眼就让你怦然心动的物品？

命运安排的物品，也有一见钟情型的。

看见那个物品的瞬间，就觉得“这是为我而生的”，或者觉得它在对我说“带我回家吧”。

我问过许多人，从纯白色的皮包、蓝色的宝石首饰等随身物品，到马克杯、沙发、观叶植物，让他们一见钟情的物品可谓多种多样。

有的人“只要一见倾心就会忍不住当场买下”，而有的人可能怦然心动的感受度没那么高，但我相信他们也一定会有**对某样物品怦然心动的经验。**

令我一见钟情的物品，是我在学生时期和家人一起旅

每一天怦然心动的
整理魔法

行时遇见的一幅画。

当时，我偶然间走进一家杂货店闲逛，在店内最深处看见了那幅以《爱丽斯漫游奇境》为主题的画。完美的构图，令我浑身战栗，变得动弹不得。

我犹豫了半小时，空手离开了那家店，但很快又回去了，来来回回很多次，最后还是把那幅画买了下来。当我把那幅画带回家挂在墙上的时候，我第一次产生“拥有理想房间”的满足感。

尽管当初的相遇很震撼，但事实上，我曾有一次想要把这幅画送给别人。

我听说有一位客户的女儿很喜欢《爱丽斯漫游奇境》，就决定把那幅画送给她。那幅画买回来已经过了五年，我总觉得它与我的缘分可能已经到了尽头。

可是，自从我的房间里没有那幅画起，我身上就开始发生不可思议的事。不知道为什么，那幅画开始频繁地出现在我的梦里。

起初，我以为只是自己的心理作用，但一连好几天，那幅画总是出现在我的梦里。

就这样过了一个星期，母亲突然给我打来电话。

“麻理惠，那幅爱丽斯的画还在你那儿吗？”

“啊？嗯……”

“我这几天经常梦见那幅画，我觉得它对你来说非常重要，所以你得像以前那样好好保管才行。”

挂断电话，我觉得这件事背后一定有什么含义，就立刻联系那位客户，说明缘由，把画要了回来。回头想想，我还是弄不清当时的梦想告诉我的究竟是什么。

不过，自从那幅画回到我身边，我的工作就出现了转机，其他事情的进展也变得异常顺利。也许，那幅画的确一直在守护着我。

直到现在，那幅爱丽斯的画依然挂在我的房间里，每次看着它，与其说是心动，不如说是被深深的安心感所包围。

只要是与你有缘的物品，自然会在该遇见的时候与你相遇，而且就算它一度离开，也注定是会再回来的。

仔细想想，人与物品的相遇真是妙不可言呢。

每一天怦然心动的
整理魔法

玄关是一个家的门面，

是最神圣的场所。

因此，

简单的装饰是必不可少的。

想象理想家居

第 三 章

每一天怦然心动的
整理魔法

玄关是家的门面，是最神圣的场所

打开房门的一瞬间，玄关能让我感受到回家的安心感，自然而然地就想对自己的家说一声“我回来了！”——这就是我心中理想的玄关。

地面总是干干净净的，家里有几口人，玄关处就整齐地摆放几双鞋，其余的都收进鞋柜里。空气中飘荡着熏香或檀香的淡淡香味，玄关地垫、喜欢的画、明信片、应季花卉等令人心动的物品直接映入眼帘。配合新年、万圣节、圣诞节等节日，用应景的物品适当装饰，享受四季更迭的妙趣所在。

有一位客户家里的玄关装饰曾给我留下深刻的印象。

她家的玄关放着一个大玻璃柜，里面是她丈夫制作的一个十分气派的舰艇模型，旁边摆放着她亲手做的插花。因为他们的孩子已经搬出去住了，所以夫妻二人便开始增添家中的装饰。如今他们每天都会和自己的家打招呼。

“每次从外面回到家里，光是看见玄关，心情就会变得特别好。”夫妻二人笑呵呵地说出这番话时的样子，令我印象深刻。

玄关是一个家的门面，是最神圣的场所。因此，简单的装饰是必不可少的。

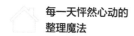

让客厅成为“全家人可以愉快交谈的空间”

电视遥控器、报纸、没读完的杂志都有固定的摆放位置，总是井然有序；角落里摆放着喜欢的观叶植物，每次浇水时都要对其打声招呼，例如，“你今天也很有活力呢”“谢谢你让家里的空气这么清新”等等；放着喜爱的音乐，就算没开电视，全家人也能其乐融融地聊天；电视旁摆放着全家福照片，周围装饰着孩子创作的作品，时常更换新的装饰品。这就是我心中的理想客厅。

有些人说：“客厅是家里最令我怦然心动的地方。”

去这些人家里参观之后，我发现不少人都会在客厅的窗边摆放水晶、玻璃材质制成的闪闪发光的装饰品。

有一位客户家的客厅里摆放着一个十分漂亮的装饰

每一天怦然心动的
整理魔法

物——“彩虹制造机”。在阳光的照射下，彩虹制造机下方的水晶就会开始旋转，折射出流动的七彩光线，让整个空间都美得令人陶醉。

通风良好，能摆放自己最喜欢的沙发和茶几，全家人可以坐在一起愉快聊天，这就是我最想要拥有的理想客厅。

每一天怦然心动的
整理魔法

厨房是“享受烹饪乐趣的空间”

我的厨房里，洗菜池和燃气灶旁边平时什么杂物也不放，以方便擦拭水珠和油渍，只留下常用的平底锅和汤锅即可。要小心使用自己惯用的物品，并且经常保养爱护。

长筷子、木勺子等工具类物品统一收纳，餐具、烹饪器具、调味料等其他物品简单地分类收纳，这样在使用时就不会手忙脚乱。干货等装在袋中的细碎食材全部直立收纳，妥善地管理所有食材，这样就能确保所有食材在保质期内用完。食材保存罐、调料瓶等厨房小物件，可以慢慢换成自己喜欢的样式，这也是整理的乐趣之一。

有一位客户在“整理仪式”结束之后，特地给我看了她丈夫买给她的生日礼物——一个木质的厨房纸巾支架，非常漂亮。

她开心地对我说："我以前一直热衷于添购有最新功能的厨房用具，现在却发现，只不过是把每天都用的物品换成自己特别喜欢的样式，就会觉得天天都过得很开心。"

整洁干净又能充分享受烹饪的乐趣，这就是我理想中的厨房。

工作室除了实用，更应该充满情趣

如果一个工作室可以让人的创意和灵感源源不断地涌现出来，该做的工作都能顺利完成，那真的就是最理想的工作室了。

工作台的桌面要时刻保持整洁；书架上按照自己的喜好，分门别类地整齐摆放工作用书和其他书籍；多余的文件不乱堆乱放，清楚地了解什么文件放在哪里。除了文件，抽屉里的文具等小物件也要直立收纳，拉开抽屉时便能一目了然所有物品的位置。但是，千万不要一味地注重实用性，也要兼顾情趣，可以选用趣味盎然的便笺纸、回形针，颜色漂亮的文件夹，或者在桌上摆放小型观叶植物，在桌面上放一支平时自己最爱使用的笔，其他的只按照需求摆放彩笔或

每一天怦然心动的
整理魔法

者自动铅笔。

有一位客户在公司里也要实践“整理仪式”。每天早晨一上班，她就先用干毛巾把桌子擦一遍，再根据当天的心情，喷洒薄荷或薰衣草精油，然后才开始工作。工作结束后，她就会把笔记本电脑的电源线拔掉，放回原来的位置直立收纳，办公桌上只留下电话，一切恢复成干净整洁的样子之后才离开公司。

每一天怦然心动的
整理魔法

卧室是消除每天疲劳的充能基地

我理想中的卧室，床上要有干净的床单和枕套，每晚都能舒舒服服地躺在上面，并对一天发生的事情表达谢意，然后放松心情，安然进入梦乡。天花板上的灯具和挂在墙上的画，都要经过精挑细选，得是自己格外喜欢的才行。睡前播放古典乐或节奏缓慢的轻音乐，点燃薰衣草、玫瑰等偏香甜气味的熏香，枕边最好再摆放一朵花。等到早晨醒来，第一眼就能看到精心装扮、令人怦然心动的卧室一隅。

我有一位客户在整理卧室时，最先换掉的就是床单和枕套。她以前一直使用蓝色床单，后来在壁橱最里面偶然发现了一套还没拆封的粉色床单，自从换上它，体会到了睡在干净床单上有多舒服之后，她开始变得很喜欢清洗床单，也因此开始喜欢上了粉色。

“每天睡前我都会环视房间，在心里对映入眼帘的每个物品道一声‘谢谢’，感谢它们一直陪伴在我的身边，之后才能安然入睡。”

理想的卧室可以消除每天的疲劳，成为补充能量的私密基地。

浴室绝对不放任何物品

我的浴室里不放任何物品，连洗发液等洗浴用品也放在浴室外面收纳。每次洗澡时才把那些洗浴用品带进浴室，用完后擦干水珠，放回原位，这样就不会产生水垢。在洁净闪亮的浴缸里泡澡，一整天的疲劳瞬间一扫而空，身体变得轻盈，宛如重获新生。

不少完成整理的客户泡澡的方式都发生了变化。他们会根据每天的心情选用不同的沐浴露，偶尔带进去一朵花，或者在入浴时关闭电灯，点起蜡烛，泡澡的时间比以往变长了许多。

有次一位客户给我发来这样一封邮件："我终于体验了憧憬已久的玫瑰浴！装饰在房间里的玫瑰花好像有些枯

萎，我就摘下花瓣，撒在浴缸里。我还以为自己这辈子算是跟玫瑰浴无缘了，没想到这么简单就实现了自己梦想已久的事情。现在对我来说，每天泡澡的时间是一天中最幸福的时候了。”

浴室里不放任何东西，乍一看似乎很不符合日常需求，但实际上执行起来格外简单。请务必尝试一下。

随性整理厕所，确保空气流通

对厕所来说，洁净感至关重要。由于厕所需要收纳的物品很少，而且收纳空间也不大，所以一定要勤加打扫。虽然每天在厕所里的时间不会太久，但对整个家而言，厕所就相当于排毒室，无论如何都要首先确保空气流通。

地垫和拖鞋的色调要统一，备用的洗涤剂和卫生纸要放在小筐里，或者用布遮住，总之不要露在外面。就个人而言，我不喜欢用芳香剂，通常使用天然桉树香薰。此外，还可以根据季节或心情，摆设明信片、装饰画等令人心动的物品。

我有一次打开客户家厕所的门时，产生了一种打开了“哆啦 A 梦的任意门”的错觉。首先映入眼帘的是贴满所有墙面的墙纸，就像有长茎虞美人从地下长出来一样，花朵上面装饰着翩翩起舞的飞鸟和蝴蝶。地面上铺着毛茸茸的绿色地垫，乍一看就像草坪一样，使人感觉犹如置身于花圃中央。

那次经历让我再次体会到居家布置可以随心所欲，越尽情发挥越好。

每一天怦然心动的
整理魔法

请不要成为收纳高手，

因为收纳高手容易囤积物品。

所谓收纳，

就是将物品用完后收到固定位置上的神圣仪式。

享受整理仪式

第　四　章

八 整理要在短期内彻底搞定

各位是不是认为，只要“每天整理一点儿”，总有一天会整理完?

我敢断言，这样的做法会让你一辈子也整理不完。

整理要在短期内彻底搞定才行。

因为，整理是一种“仪式”。

一口气完成整理，能带动你的意识发生剧烈的变化。

这样一来，你就再也不想回到过去杂乱的状态。

因为，“整理九成靠意志力”，只要你在精神上感受到了剧烈的变化，就不会再被打回原形。

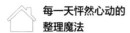

2 想象“理想生活”

整理本身只是动作，而不是目的。

因此，首先应该想象“理想生活”是什么样子的，而不是一时心血来潮，就开始丢弃或收纳物品。

抛开所有的顾虑，尽情想象自己最想要的理想生活。

完成整理后，你究竟想过怎样的生活？

不妨拿起一本室内装潢杂志一口气从头读到尾，从中找到能让你发自内心“想要过上的美好生活”。

想象“理想生活”，能够提升你整理的动力。

3 想清楚“要丢什么物品，要留什么物品”

首先，请完成“丢弃”。

也就是说，先认清自己拥有多少物品，想清楚要留什么物品，要丢什么物品。

如果没有丢完东西就开始收纳，过后必定会反弹。

在“丢弃”这一步完成之前，不要考虑收纳的问题，不然你会因为不知道什么东西应该收纳在什么地方而苦恼不已。

因此而分心正是整理进展不顺的最大原因。

怦然心动的整理魔法关键在于，要把掌握物品现状与收纳物品这两个步骤区分开来。

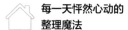

4 以"触摸时是否会产生怦然心动的感觉"为判断标准

究竟应该如何筛选和取舍物品?

最有效的办法就是在触摸时看看哪些东西是让你怦然心动的。

用手触摸每一件物品,保留令你怦然心动的,丢掉不会让你心动的。

这样一来,剩下的都是会令你心生喜欢的物品。

关键在于你想要保留什么,而不是想要丢掉什么。

请想象一下,四周全部摆放着令你心动的物品的生活是什么样子的。

还有,在丢弃物品的时候,不要忘记说一句"谢谢你一直以来的陪伴"。

5 按照正确顺序“分门别类”地整理

你是不是按照不同场所、不同房间来进行整理的？

这样的做法是整理反弹的主要原因之一。

请时刻牢记，要按照正确的顺序“分门别类”地整理。

具体来说，就是应该按照衣服、书籍、文件、小物件、纪念品的顺序来整理。

按照这个顺序“筛选物品”，可以提升“怦然心动的感受度”。

纪念品的代表——照片，应该留到最后再整理。

如果把整理照片放在整理过程的中间步骤进行，结果大部分是会失败的。

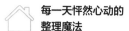

6 把“衣服”集中堆放在一起

首先，请把家里的所有衣服一件不剩地拿出来，集中堆放在一起。

数量之多有没有让你吓一跳？

但这些全都是你的衣服。

然后一口气按照衣服的类别进行整理：上衣，下装（裤子、裙子），外套（夹克、西服、大衣等），袜子，内衣，衣服配件（围巾、皮带、帽子等），特殊服装（浴衣、运动服、泳衣等），鞋。

皮包和鞋子可以在整理衣服时一并处理。

7 整理“书籍”时不要翻阅，只需触摸

请把书架上的所有书籍一本不剩地堆放在地上。

用手触摸每一本书，判断取舍。

判断标准当然是看“触摸时是否感到心动”。

此时，请千万不要阅读书中内容。

因为阅读不仅耗费时间，还会让你不自觉地开始考虑以后是否还有机会读到这本书，而不是对它是否心动。

大多数人认为，那些没有看过的书，自己总有一天会看，因此把许多书都留了下来。然而现实情况是，这个“总有一天”永远也不会到来。

所以只要留下对自己“具有特殊意义”的重要书籍即可。

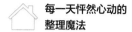

8 “文件”应该全部丢掉

整理文件时，应该先做好全部扔掉的打算。

如果不这样想，大部分人家里就会留下海量的文件。

应该保留的文件有三种，分别是“正在使用的”“暂时需要的”“永久留存备用的”。

也就是说，只要是不属于这三种类型的文件，就应该全部扔掉。

不过我要提醒一句，尚且有用的合同、所得税申报书等重要文件是绝对不能丢的，必须要好好保存起来。

至于已过期的电器产品保修卡、多年以前的贺年卡、银行卡的明细单等，都可以扔掉。

9

不要保留可有可无的“小物件”

不知不觉间堆积如山的物品，就是小物件。

整理那些不好对付的小物件的基本顺序是：

CD、DVD 类，皮肤护理用品，化妆用品，饰品，贵重品类（印章、存折、银行卡类等），机器类（数码相机、数据线类等），生活用具（文具、裁缝用具等），生活用品（药类、消耗品类等），厨房用品，食品，其他。

扔掉那些“不知道为什么会有的东西”，保留那些“想要和它一起生活、令自己心动的物品”。

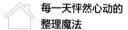

10 “纪念品”留到最后再整理

筛选物品的工作终于到了最后阶段，就是纪念品的整理。

既然整理已经到了这个阶段，一些充满回忆的纪念品应该也可以扔掉了。

因为，你的“怦然心动感受度”已经得到显著提升。

用手触摸每一张照片，确认自己是否心动，认真地感受和判断。

只有将纪念品拿在手上然后再丢掉，一个人才能真正面对过去。

11 物品用完要收到固定的位置上

请不要成为收纳高手，因为收纳高手容易囤积物品。

请用最简单的眼光来看待收纳这件事。

收纳基本可以分为“按物主分类”“按物品分类”两种。

之所以“按物主”区分，是因为每个人都需要独属于自己的领域。

在这种情况下，无须考虑行为规律和使用频率，而是要决定家中所有物品摆放的固定位置。

你所拥有的物品一直在尽心尽力地为你服务并且守护你，那么现在请你打造一个属于它们的家。

所谓收纳，就是将物品用完后收到固定位置上的神圣仪式。

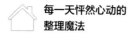

每一天怦然心动的

整理魔法

折叠衣服的行为，
绝不仅仅是为了提升收纳的效率而进行的物理性动作，
而是通过亲手触摸衣服，
向其中注入自己的感情和能量。

尽量折叠，直立收纳

第 五 章

想要过上“怦然心动的生活”，

折叠衣服的效果是最立竿见影的。

甚至可以说，简单的一个折叠动作，

就能大体上解决衣服的收纳问题。

从“悬挂收纳”变为“折叠收纳”，

收纳空间能够得到显著改善。

折叠衣服的行为，

绝不是为了提升收纳的效率而进行的动作，

而是通过亲手触摸衣服，

向其中注入自己的感情和能量。

因此，在折叠衣服时，

请怀着“谢谢你一直陪伴我”的感激之心，

认真地进行收纳。

如此一来，衣服也会显得很开心。

这种感觉很不可思议吧?

正确折叠衣服的关键在于——

折叠成一个“简单平整的长方形”。

衣服多种多样，

每一种衣服都有各自最合适的折叠方法，

我认为折衣服有“黄金点”。

整理衣服时，请找出每件衣服的“黄金点”再进行折叠。

仅靠改变折叠衣服的方法，就能拥有怦然心动的每一天，你不觉得很棒吗?

【T恤】

折成
“以衣身为中心的长方形”

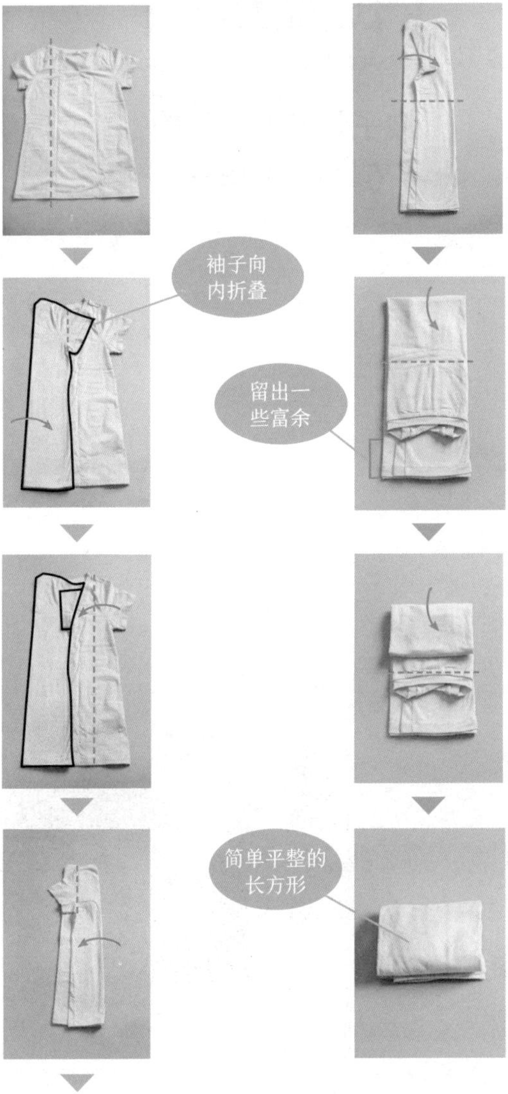
袖子向
内折叠
留出一
些富余
简单平整的
长方形

【长袖上衣】

袖子要与另一边的
侧边对齐折叠

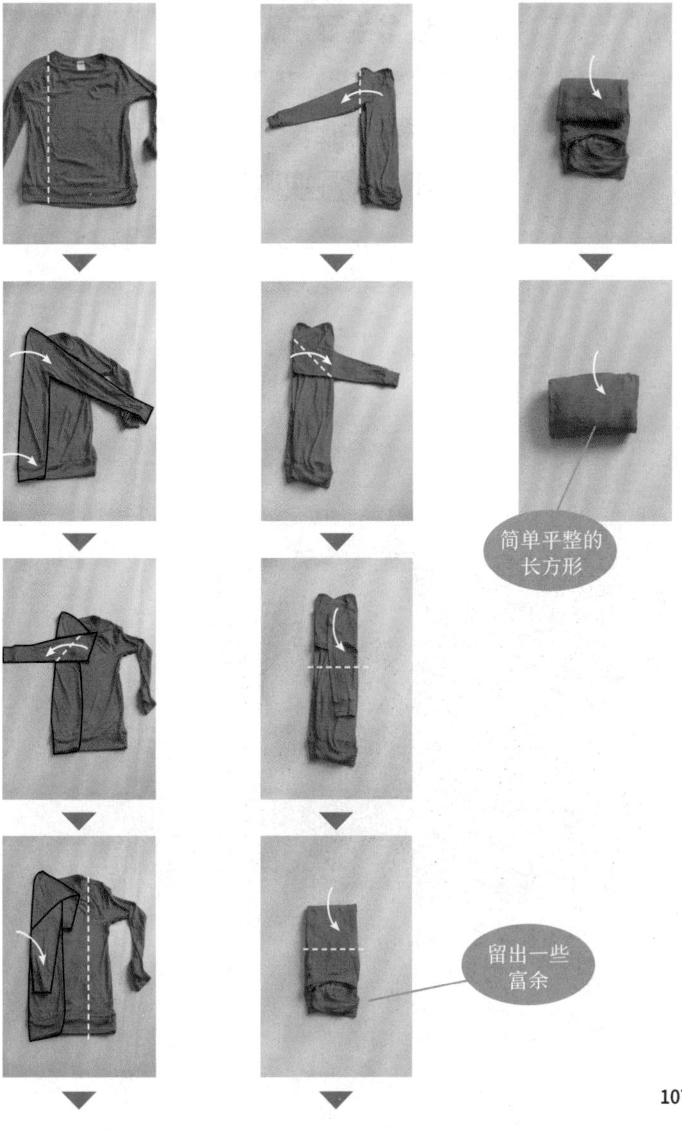
简单平整的长方形
留出一些富余

【裤子】

根据裤长
调整折叠次数

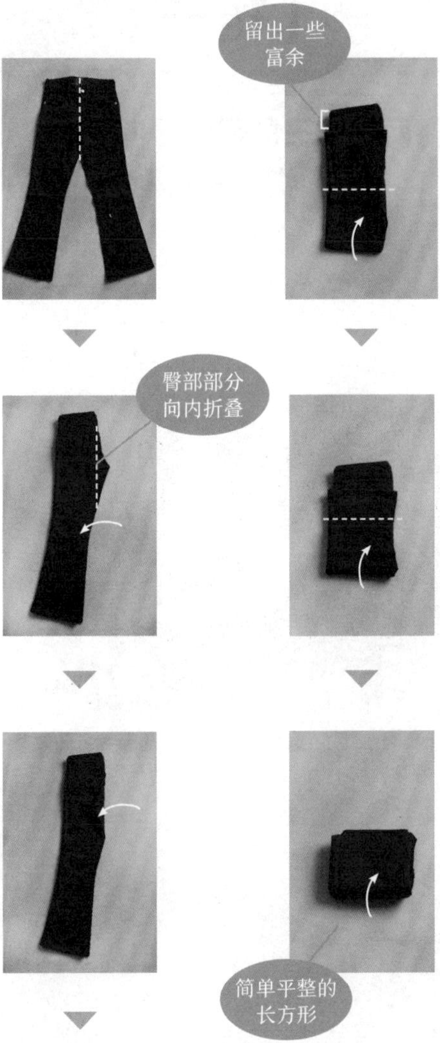
臀部部分
向内折叠
留出一些
富余
简单平整的
长方形

【裙子】

将两端的三角形部分向内折叠，
折成长方形

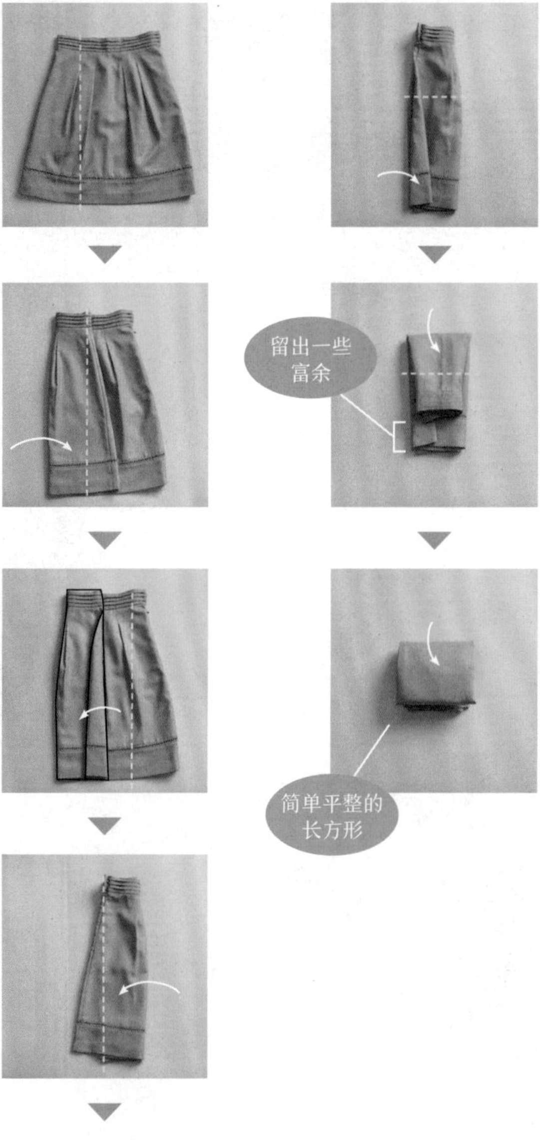
留出一些
富余
简单平整的
长方形

【连衣裙】

只要折叠成长方形即可

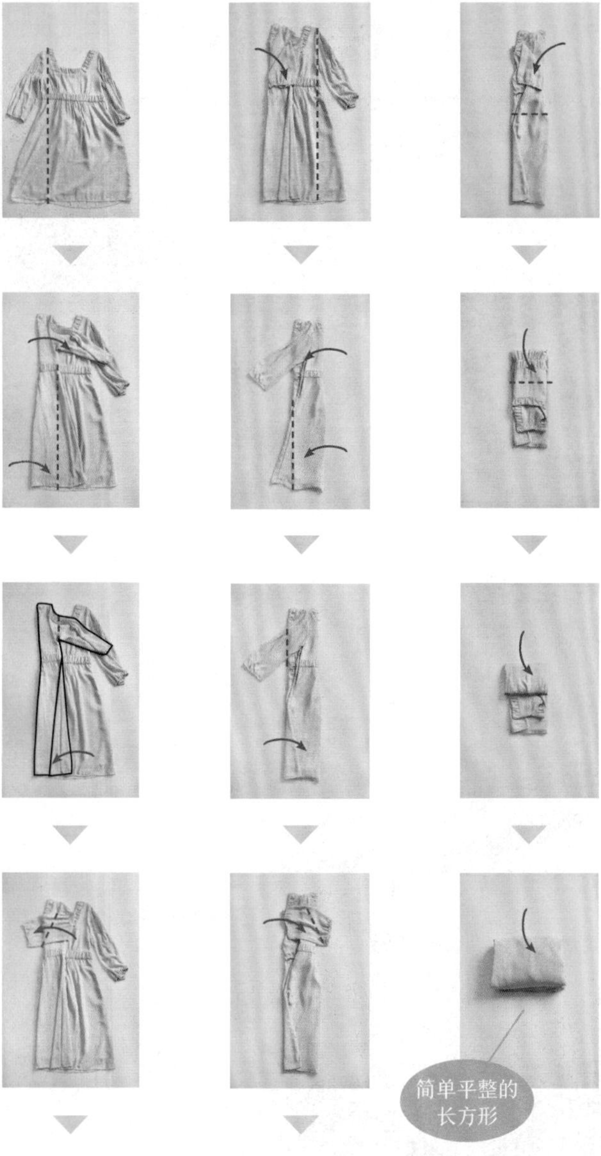
简单平整的
长方形

【吊带背心】

连同吊带在内对折

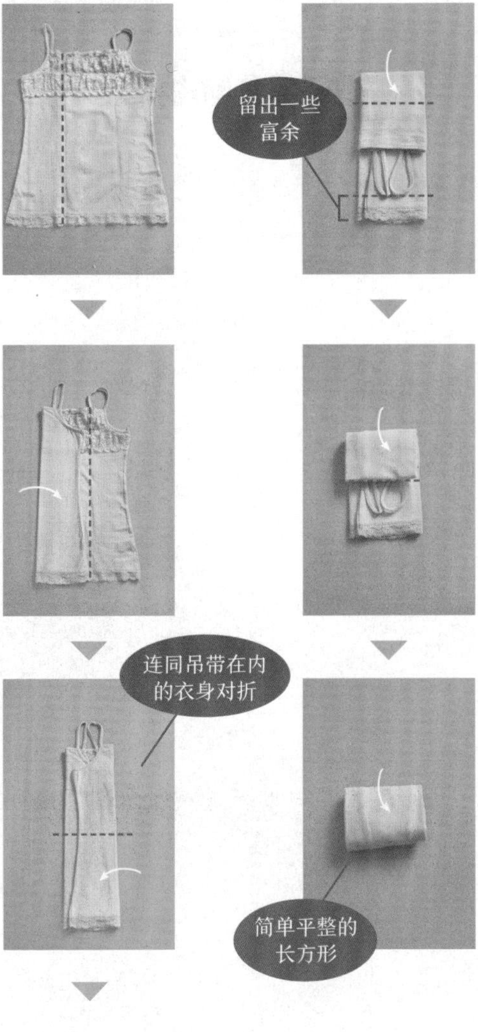
连同吊带在内
的衣身对折
留出一些
富余
简单平整的
长方形

【连帽衣】

帽子部分向内折叠

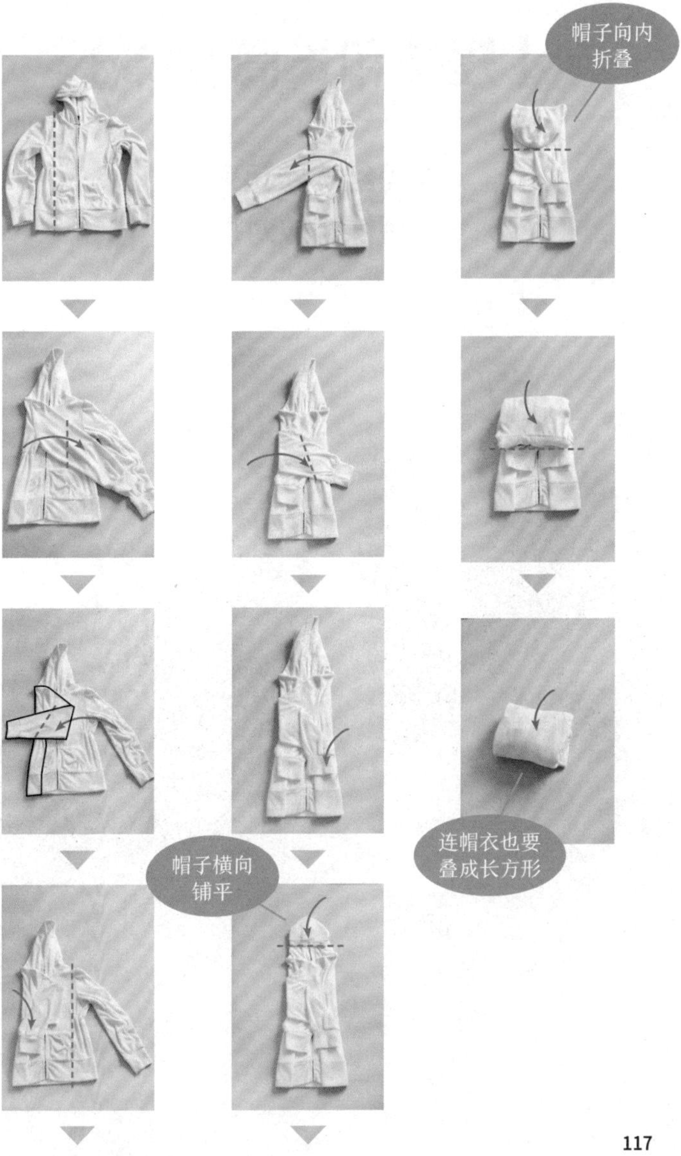
帽子横向
铺平
帽子向内
折叠
连帽衣也要
叠成长方形

【短袜和长筒丝袜】

长筒丝袜卷起来，
短袜叠放对折

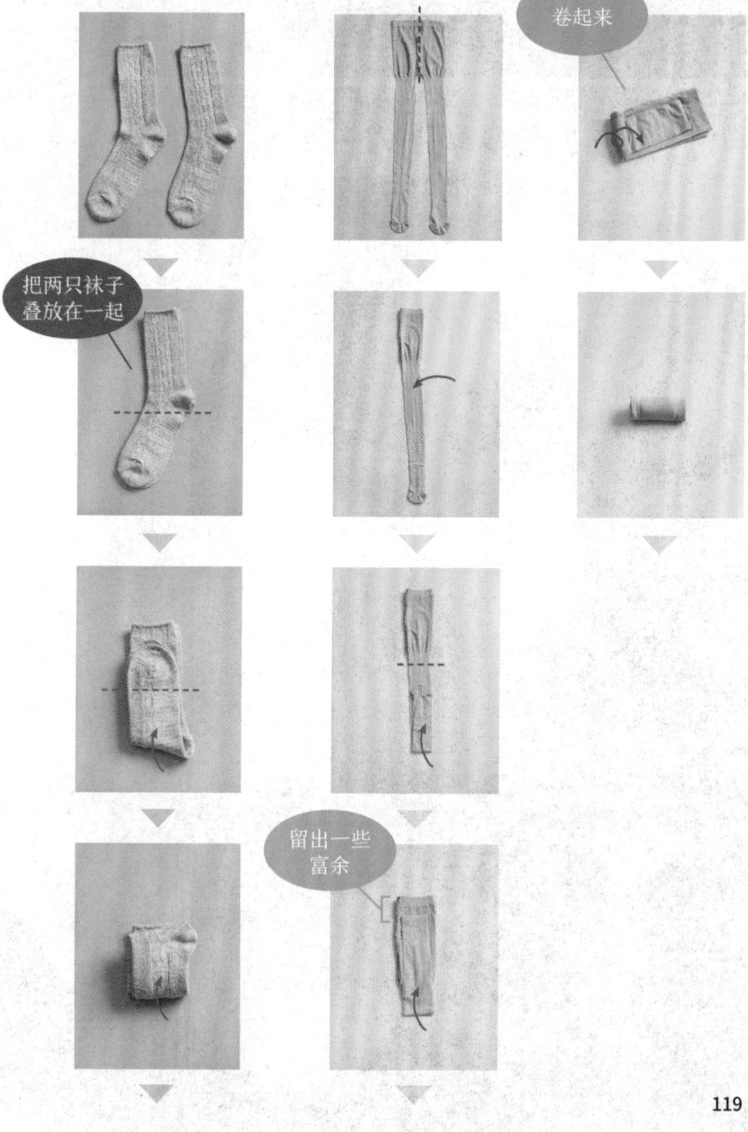
把两只袜子
叠放在一起
留出一些
富余
卷起来

【文胸和内裤】

文胸要享受 VIP 待遇，
内裤的叠法要可爱

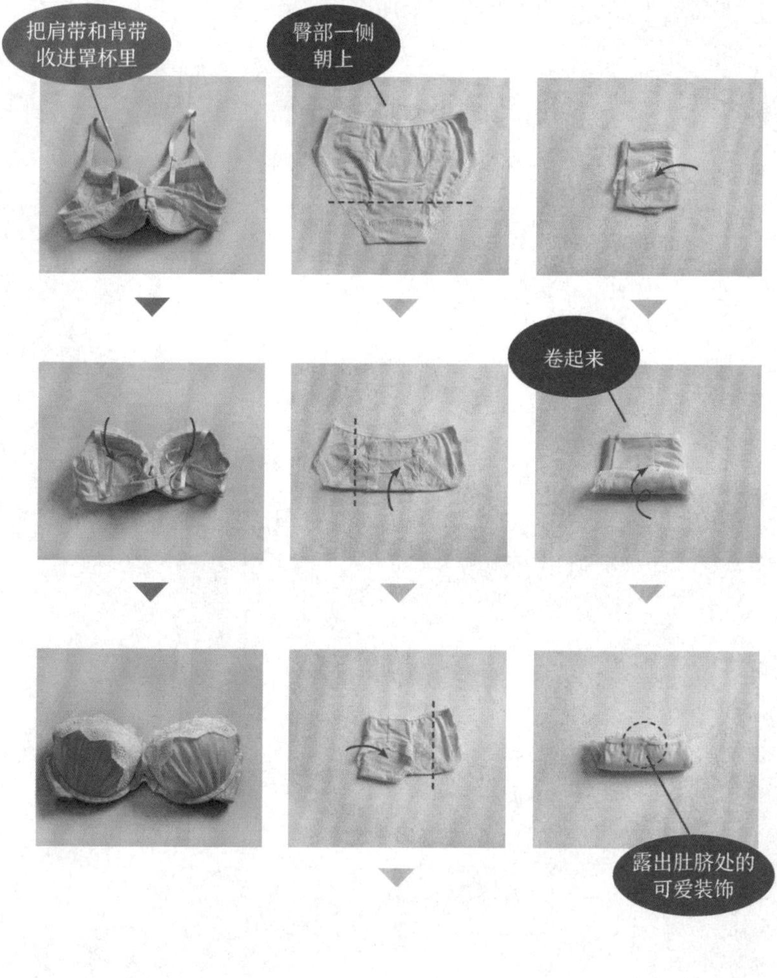
把肩带和背带收进罩杯里
臀部一侧朝上
卷起来
露出肚脐处的可爱装饰

【罩杯吊带衣】

将衣服部分收在罩杯里

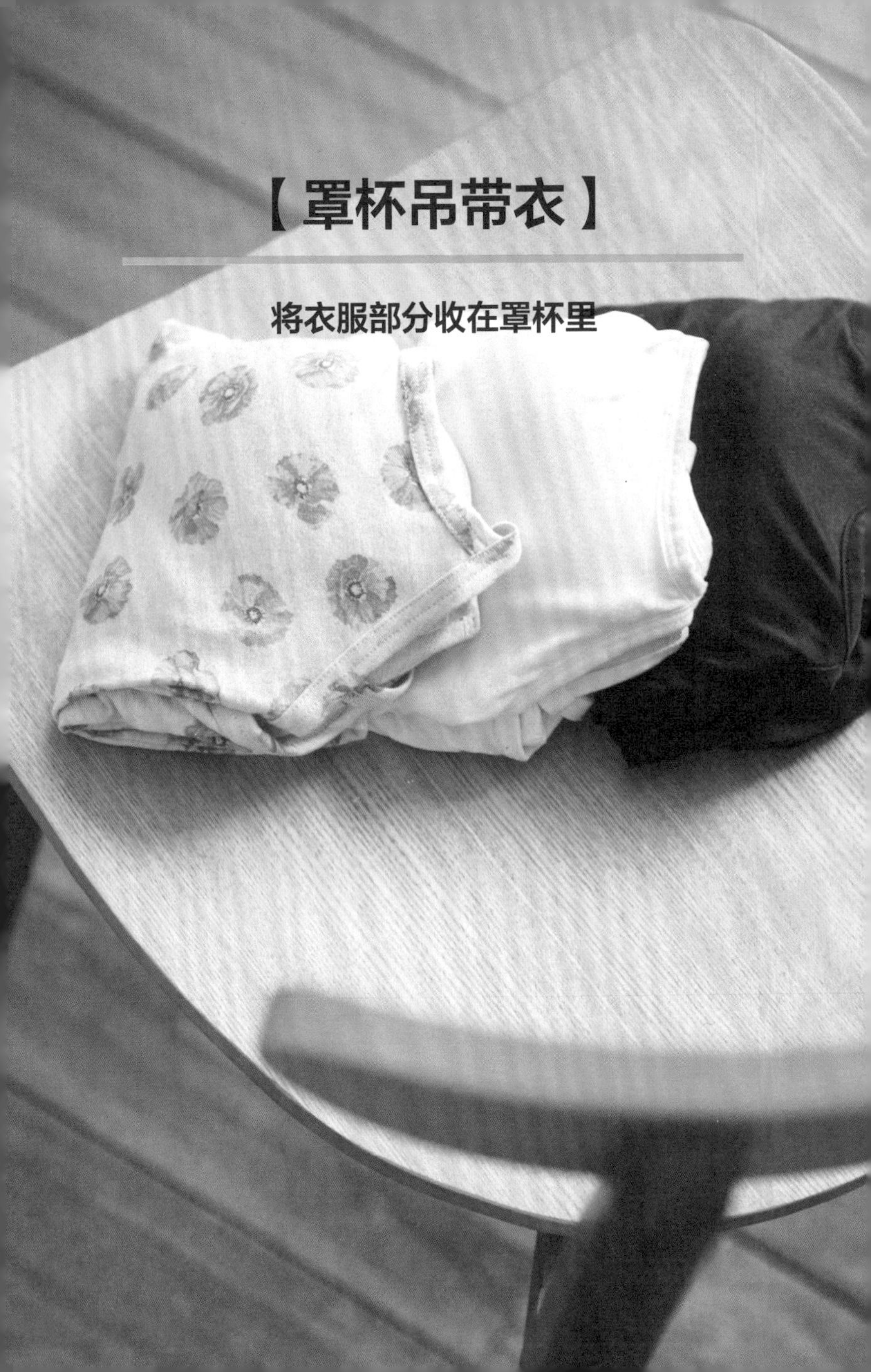

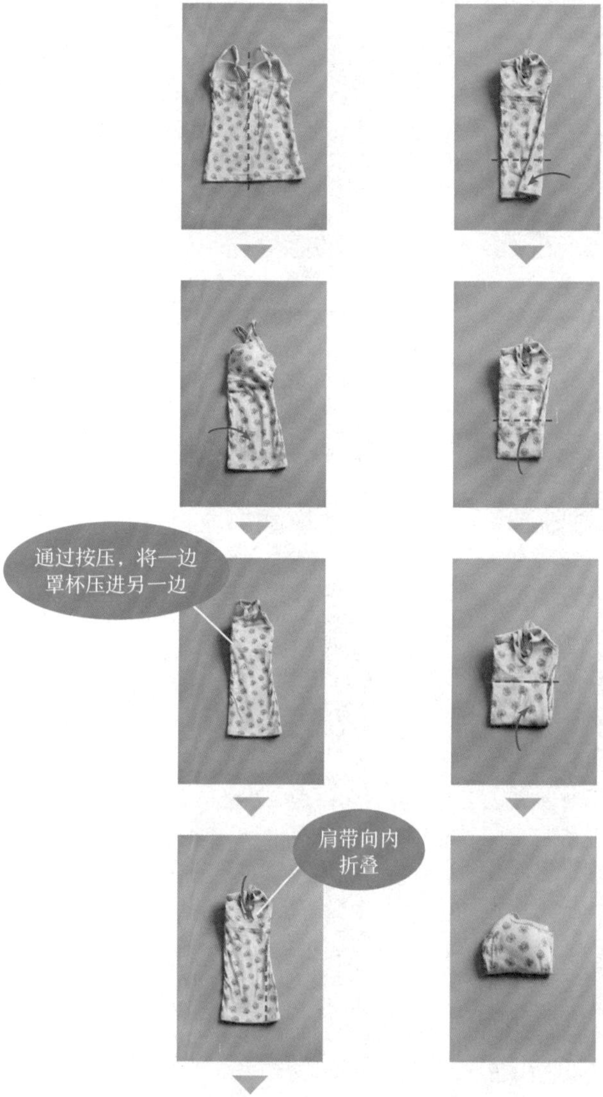
通过按压，将一边
罩杯压进另一边
肩带向内
折叠

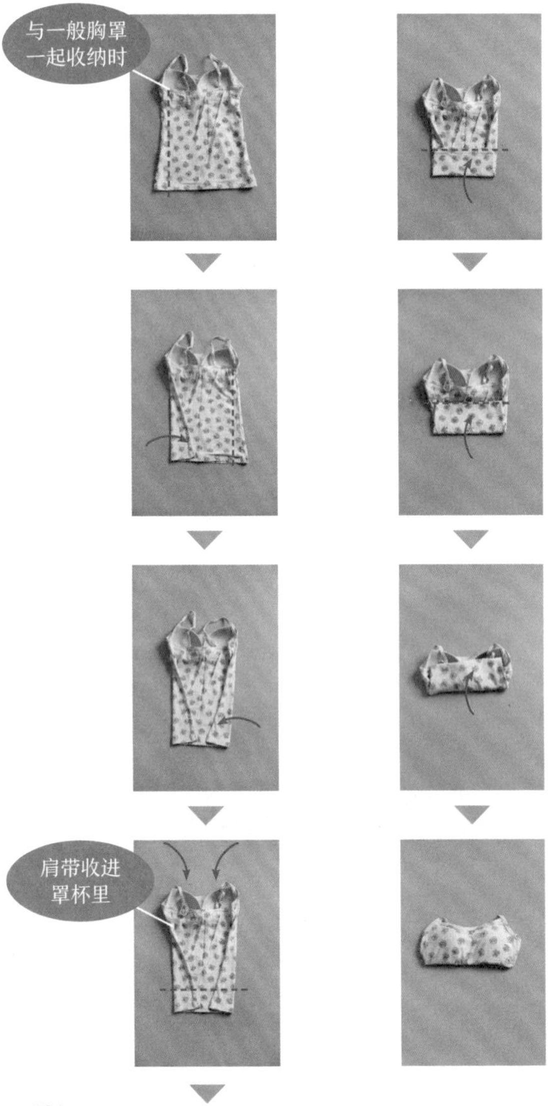
与一般胸罩
一起收纳时
肩带收进
罩杯里

每一天怦然心动的
整理魔法

只要确保房子的“穴位”整洁干净，

就能改善整个家里的空气循环。

尤其是玄关、房子中心和洗浴空间。

让每天都能怦然心动的“小事”

第　六　章

每一天怦然心动的
整理魔法

勤擦鞋底，
幸运不期而至

所有女性都喜欢鞋，我也不例外。只要是女性，恐怕都有一两次一眼看上某双鞋就当场买下的经历。

其实，我曾尝试过长时间地盯着鞋子看。

我把鞋全部整齐地摆在玄关处，然后端坐在它们面前，目不转睛地凝视了它们一小时。

我也说不清自己为什么要这样做，非要解释的话，可能是因为我想倾听“鞋的烦恼”。我总觉得，在店里相遇时，鞋是那么亮丽耀眼、光芒四射，被收在鞋柜里之后，却变得黯淡无光。

于是我决定把鞋子都擦拭一遍。

我立刻拿来擦鞋工具，用心擦拭每一只鞋。等我把所有鞋都擦得锃亮，重新放在报纸上的时候，终于听见了它们的心声。

它们在说：“请把鞋底也擦一擦。”

请各位打开家里的鞋柜。

当看到鞋柜里鞋子们的现状时，你的反应是胆战心惊，还是心醉神迷？

反应不同的原因其实与鞋的好坏和价格高低并无关系。

有一次，我给一位客户上整理课时，突然发现一种违和感。

当时的授课内容正是关于鞋的整理。我像往常一样，让客户把所有鞋拿出来放在一起，逐一用手触摸，确认“是否心动”。可是，这次的情况跟以往有些不一样。

首先是鞋的摆放方式。那位客户把鞋放在玄关和走廊里时，在鞋下面小心地垫了两层旧报纸，整理鞋子总是会发出窸窸窣窣的声响。其次就是客户拿鞋的时候看起来战战兢兢的，就算是她最喜欢的鞋子，也只是用手指捏着，不愿意用手捧着。

于是我仔细回想了一下，当我让客户把所有鞋拿出来的时候，她脸上的表情好像有些僵硬……

和大多数人对鞋子的看法一样，在她眼里，“鞋子是很脏的物品”。

买回家之前，在店里展示的鞋就像宝石一样闪亮夺目，可在穿过之后，却被当成脏东西对待。前后境遇相差如此之大，恐怕没有什么东西的命运比鞋子更悲惨了吧！

的确，鞋会在外面沾染许多灰尘和污垢，可是换个角度想想，每天挺身而出让你远离脏污的，不正是鞋吗？

毫无疑问，鞋的工作是所有物品中最艰巨的。

鞋子总是会和短袜、长丝袜相互鼓励，即便是在烈日当头的夏日，也尽心尽力地完成自己的工作。但是我认为鞋子的真实想法是：“每天回到家能够得到清洗的只有短袜和长丝袜，我却被直接丢在鞋柜里……”

更进一步说，鞋面和鞋底受到的待遇也有巨大的差别。

一般人会定期清洁鞋面，擦干净后通常会欣赏一会儿它们焕然一新的模样。然而几乎没有人会想要去擦拭鞋底。

鞋底每天都被磨损，而且沾满脏污，其实它们才是燃烧自己、服务主人最辛苦的一员。受到如此无情的对待，真是让人唏嘘不已。

比起鞋面，我们更应该重视鞋底，提升鞋底的地位。

意识到这一点之后，我养成了一个习惯。每天睡觉之前或早晨起床以后，用湿抹布擦拭玄关的地板时也会顺便擦拭鞋底，然后对鞋底说：“谢谢你为我付出了这么多。”

当然，有时候工作实在太忙，也会省略擦拭鞋底这一步。

可是，擦拭别的地方的时候，我很难体会到那种擦完鞋底后整个心灵一片明净的感觉。

擦净鞋底后，会让人想要穿着它去一些美好的地方。

我曾听过这样一句话：**“好的鞋能带你去好的地方。”**准确地说，鞋底才是每天真正接触地面的部分，带我们去更好的地方的，其实是鞋底。

只要勤擦鞋底，幸运就会不期而至。也许不经意间走进一家店就买到了自己梦寐以求的物品，或者走进一家餐厅就能吃到非常美味的菜肴。

每一天怦然心动的
整理魔法

玄关前的水泥地和神社鸟居一样重要

问各位一个问题，你平时会擦拭玄关前的水泥地吗？

这样做看起来好像很麻烦，但是如果你想拥有怦然心动的每一天，我建议你养成这个习惯。

我从很久以前就养成了这个习惯，甚至比擦鞋底还要早得多。

高中时，我在一本关于风水的书上看到一句话：“每天擦拭玄关前的水泥地，好运就会降临。”

书上还说，玄关之于一个家，就好比一家之主的脸面。每天擦拭玄关，保持一家之主的脸面光鲜亮丽，房子的品格就会提升，好运就能通过玄关进入家里。

于是，我把玄关前的水泥地当成父亲的脸面，怀着给父亲擦脸的心情，用抹布使劲擦拭。可是转念一想，这样对父亲似乎非常不敬，所以我后来擦地时就放弃了这样的想法，变得专心致志，心无旁骛。

不可思议的是，就算我每天把玄关前的水泥地擦得干干净净，第二天再擦的时候，抹布还是会变得很脏。

“看来人每天外出，都会带回来许多污秽。”

“每天清除身上的污秽，让自己焕然一新，然后再出门工作。如此循环往复，就是人类的生存之道啊！”

我当时身穿高中校服，单手拿着抹布，呆呆地思考人生意义的样子，至今回想起来，仍觉得有些好笑。

从事整理工作后，我也会告诉客户：“每天擦拭玄关前的水泥地，好运就会降临哟。”结果有一天，客户说了这样一句话：“也就是说，玄关前的水泥地就像神社的鸟居（类似牌坊的日本神社附属建筑，代表神域的入口）喽。”

我以前在神社担任巫女（为日本神社中辅助神职的职务。通常身着白色上衣及绯袴，具有清新、神圣、无垢之传统形象，但已无古代灵媒的身份），那时听说参拜神社时穿过鸟居，能驱除身上的污秽和疾病。

而玄关前的水泥地的作用，就是在每次有人通过的时候，把那个人身上的污秽带走。这的确跟鸟居很像。

还有一位客户说出了这样的感言：“擦拭玄关前的水泥地，擦掉的是对自己的‘愧疚感’。”

也就是说，日积月累下，觉得“自己很没用”的愧疚感会随着人身上的污秽，逐渐转移到玄关前的水泥地上。

不知道为什么，每天擦拭玄关前的水泥地的人，总是能说出一些神秘的、充满哲学意味的话，这一点给我留下了很深的印象。

擦净鞋底，再把玄关前的水泥地也擦得锃亮，心里就会充满强烈的自信感，让自己不再对自己的家感到羞愧，同时还会萌生出“我的家是神圣场所”的虔诚之情。

从这个角度来说，玄关前的水泥地那块小小的地面，或许就是“洗涤心灵的场所”，那么“每天擦拭玄关前的水泥地，好运就会降临”自然也就充满说服力。正如“幸运是从玄关进入家里的”这句话所说的一样，擦净玄关后，你一定也会觉得家里的通风变得顺畅了许多。

如果你希望自己的家能成为像神社那样的能量场，请务必养成每天擦拭玄关前的水泥地的习惯。

每一天怦然心动的
整理魔法

睡前翻看"令人怦然心动的剪贴簿"

夜里靠坐在床头，一边喝着香草茶，一边翻看自己喜欢的图册或者摄影集，彻底放松心情后安然入睡。

电影或电视剧中的某个场景、杂志上刊载的一张照片……我从小就憧憬，能看着这些东西入睡。

想要实现这个梦想，就必须拥有一本刊载许多漂亮的画作和照片的图册。

可我没想到，找一本满足我要求的图册竟然如此困难。

我去过图书馆，翻遍了时尚家居装潢杂志，又从书店购买了外国的原版影集，为了寻找“一见钟情的图册”而不停地四处奔走。

最后，终于被我找到了一本图录。

这本图录是在展览会的会场拿到的，里面全是英国维多利亚时期所用餐具的照片。每翻一页，都会出现拥有纤细花纹的盘子、将盖子把手设计成小鸟造型的茶壶、画着蓝色线条的优雅茶杯，等等。实际上，我曾在美术馆里见过一次实物，所以联想起真品的夺目光彩，更加陶醉神往。

不过，这里有个问题。

美术展的图录又大又厚，比一般的词典还要沉重。

靠坐在床头，把图录捧在胸前翻看，不到三分钟，胸口就会被压得隐隐作痛，根本不可能安然入睡。当然，也可以把书放在床上趴着看，可是这样一来，喝香草茶的时候又不太方便，很容易洒在床上。

那么到底应该怎么办呢?

重新观察后，我发现这本近两百页的图录，超过半数的内容是作品解说，其中又有一半是用英文写的，我完全看不懂。而且，说实话，这本图录里真正令我为之陶醉的照片只有五六张而已。也就是说，令我心动的内容其实非常少。

于是，我决定把心动的部分剪下来，贴在因为喜欢复古的巧克力色封面而买回来的剪贴簿里。最后做出来的效果比我预想的还要成功。

从此以后，**无论照片还是插图，只要看到能让我心动的内容，我就会剪下来贴在剪贴簿里。**

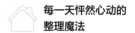

只有真正令我心动的部分才会贴在剪贴簿上。如果翻

看一本杂志时，对模特脚上的鞋心动，我就会用剪刀把鞋的部分单独剪下来。面对那些制作精良的画册，下剪刀可能需要很大的勇气，但我的原则就是，只留下怦然心动的部分，其他的通通丢掉。

关键在于，绝对不要错过让自己心动的照片。

比方说，在美容室的杂志上看见一张心动的照片，我会把杂志的名称和发行日期记下来，过后立刻去书店买一本新的回家。也许看过十几本杂志也找不到一张令自己怦然心动的照片，但我也因此发现，与心动之物的相遇是多么弥足珍贵。

就我的个人经验来说，**珍惜每一次小小的心动感觉，往往能提高遇见更大心动的概率。**这种感觉简直妙不可言。

顺便说一句，在粘贴剪贴簿的时候，可以按照颜色的区别来分页粘贴。

比如，当我感觉无精打采的时候就会看橙色系的页面；想要放松心情的时候就会看绿色系的。我的剪贴簿里有一页贴满了蛋糕和日式点心，就是专门用来在想吃甜食时看的，这可能是我翻看频率最高的一页。

也许过一段时间，有些照片可能就不再令你心动了，这时要把那些照片全部揭下来，贴上令自己心动的新照片。

多亏有了这本令人怦然心动的剪贴簿，我终于实现了“夜里靠坐在床头，一边喝着香草茶，一边翻看自己喜欢的图册或者摄影集，彻底放松心情后安然入睡”的梦想。

每一天怦然心动的
整理魔法

按摩房子的“穴位”，让家变得健康

穴位按摩是很舒服的。

我的爷爷是一位针灸师，也是中医研究者，耳濡目染之下，从小我就很熟悉人体穴位以及身体保健方法。

上小学时，爷爷就经常给我做穴位按摩。到了高中，我经常自告奋勇地当“小白鼠”，让爷爷试验古怪的新方法。

爷爷每次都会笑呵呵地说：“健康就是‘良好的循环’。”同时毫不留情地把针刺入我的穴位，甚至还给针通电。

现在回想起当时那一幕，仍然觉得十分诡异。不过，爷爷的做法虽然古怪，效果却很好。

我在这种环境下长大，经常会接触到“穴位”“循环”这类词语，这些观念也成为我日常生活中的一部分。

所以，在进行整理时，我总会琢磨房子的“穴位”在哪儿，还会观察室内空气的“循环”是否良好。你可能会觉得我的行为很奇怪，那就当作整理专家的一种职业病好了。

那么，你觉得自己房子的穴位在哪里呢？

换句话说，**只要确保房子的“穴位”整洁干净，就能改善整个家里的空气循环。**

正确答案是：玄关、房子中心、洗浴空间。

准确地说，房子的“穴位”有无数个，但在所有“穴位”中，只有这三个是最行之有效的。

在卫生间、厨房、盥洗室等洗浴空间最容易体会到生活感，扫除效果也最立竿见影，所以大家应该都能理解这些地方是重要“穴位”的原因。

至于玄关，我在之前已经说过，水泥地能起到鸟居的作用，把人从外面带回来的污秽转移。因此，玄关也是需要保持洁净的场所。

最令人意外的可能是“房子中心”。

我有个习惯，第一次去客户家里上整理课时，一定会坐在房子中心，跟房子打声招呼。

其实，我刚开始养成这个习惯的时候，并没有刻意要坐在“房子中心”。

一般来说，从玄关走进室内，在继续前行的途中，突然在某一点感到空气发生了变化，这个地方大多位于这个房子的中心。

具体来说，就是空气浓度比其他地方高，感觉就像一个旋涡。只要把这个中心位置整理或打扫干净，来自玄关的风就能得到改善，整个家会变得轻松舒适。

但不可思议的是，无论这个中心位置位于走廊还是储物间，效果都是一样的。

有一次，我在一本书里，看见一张令我感到很意外的图片。

那一页的标题是“气的通道”，图上描绘了从玄关进来的气流经中心，直接沿对角线抵达另一侧的墙边。那股气就像在中心点形成了旋涡一样。

我平时感觉到的“循环”跟图解几乎一模一样，心中不禁连连惊叹。那么，了解这个中心的“穴位”之后，应该怎样用于实际生活当中呢?

方法并不特别，要点只有一个，就是“不要放垃圾”。

那个位置如果有柱子，或者摆放了家具，都可以不用理会。但唯一需要注意的是，不要堆放准备扔掉的废品，或是垃圾箱，或是明显已经完成使命的物品，避免让整个家里充满令人心烦意乱的感觉。

终生以追求健康为目标的爷爷，后来走得十分安详，他生前经常说：“一个人只要表情明朗，维持肠道舒畅，再有就是勤洗澡，保持每天清洁，就能活得健康。”

套用在房子上，就是决定第一印象的脸面玄关要明亮，中心（肠道）不能放垃圾，浴室、盥洗室等洗浴空间要保持清洁。

毫无疑问，只要按摩好这三个“穴位”，就能时刻拥有一个健康而舒心的居住空间。

每一天怦然心动的
整理魔法

尽情享受不便的生活

从事整理工作之后，我亲身感受到家中随处可见的“便利商品”的兴衰史。

炸薯片的工具、可以反复清洗使用的保鲜膜替代品——硅胶保鲜膜、封住没吃完的食品袋口的封口夹、替代洗涤剂的洗衣球……有些物品经过不断改良后，最终成为一般家庭不可或缺的日常用品，而有些物品却使用复杂，不知不觉间就消失得无影无踪了。一路走来，我已经见过数百种生活用品的荣枯兴衰。

这几年，要说家中之前少有而最近出现频率超过以往的物品，无疑就是“罐”了。

不过，这些罐并不是用来做装饰的，也不是具有神奇力量的“开光”物品，而是玻璃或珐琅制成的大型保存容器。打开盖子，里面往往保存着梅干、味噌、酱油、米糠酱菜等自家腌制的食物。

可能很多人会觉得这些东西都是以前流传下来的古董，我的客户大多住在首都圈内，以前去客户家里，也很少见到这类物品。

最近，经常有客户对我说："这是我自己熏制的腊肉，要不要尝尝看？""这是我自己在家种的胡萝卜。"除了食物，还有人重拾上中学时最喜欢的缝纫。

随着整理的进行，不实用的便利物品逐渐减少，越来越多的客户开始花时间、用精力展开新的生活。

尽管生活看似变得麻烦了，但大家看起来都比之前快乐了许多。

出现这种现象的原因显而易见，就是因为进行了有效的整理，所以获得了充裕的时间。完成"整理仪式"的人，最大的变化就是运用时间的方法。

从使用吸尘器、挑选当天要穿的衣服，到找东西、做决定……一些浪费在无趣事物上的时间，如今都省了下来。由此可见，**高效利用时间，用心享受生活，就是完成整理的人的命运。**

前两天，我见到了一对几年前完成整理的夫妻，女方是我以前的客户。他们从东京移居乡下，一边育儿，一边种地。当我去拜访他们时，他们这样对我说："家里没有电视，东西也变少了，生活比起以前很不方便，可是现在的生活要令人满意得多。需要亲力亲为的事情变得多了起来，可能就是因为这一点吧，我觉得自己每天都是‘活着’的。”

他们看着四岁的女儿在院子里开心地薅杂草，又说：**“并不圆满的生活，能让人学会忍耐。开动脑筋，感谢每一件小事。或许，这才是真正能培养出智者的最佳环境。”**

受到这对夫妇的影响，我最近也开始自己做酱吃了。

虽然要花些时间，但是心里始终期待着有一天能吃上自己亲手制作的酱，这是一种前所未有的新鲜感受。

每一天怦然心动的
整理魔法

装饰墙壁，营造“理想风景”

有一天上整理课，客户是化妆师 S 女士。

我也不知道是怎么回事，她在脖子上搭了块毛巾，让我在镜子前坐了下来。

她说：“说到化妆，整体的平衡感固然很重要，但脸部是各个部分的集合体。

“脸的各个部分，分为能改变的和不能改变的。比如骨架，就改变不了。套用在房子上，房间格局就是无法改变的部分。

“皮肤越干净越好，就像地上尽量不要堆放多余的东西一样。”

接着，她打开一个大大的化妆盒，继续进行即兴化妆讲座。

“腮红虽然是配角，但不同的腮红颜色和化妆手法，所呈现出来的表情可能完全不同，就像一个小的间接照明灯一样。

“还有，睫毛相当于窗帘。在眼睛（窗户）周围刷的睫毛膏越多层，妆容看起来就越华丽。同理，窗帘越厚重，房间给人的感觉就越奢华。”

S 女士一边解释，一边干脆利落地在我脸上涂抹腮红和睫毛膏。

“不过，如果你想在一瞬间改变整体形象，还是要依靠发型。毕竟头发的面积大，可以绑起来，进行装饰，打造出千变万化的造型。”

说着，她把我的头发扎成一束，用各种发饰展示给我看。

“你所说的‘装饰墙壁’的必要性，就跟现在的‘装饰发型’一样，对吧？”

没错，就是“墙壁”。我也不明白为什么本来是我在给 S 女士上整理课，结果等我回过神来，已经变成她在给我上化妆课了。可是就在半小时前，我们的确在谈论装饰墙壁的必要性。

完成整理后，如果觉得房间太空，下一步该做的无疑就是“装饰墙壁”。

一个房间可以大体分为地面、墙壁、窗户、门四个部分，要说能在瞬间改变整体印象的，就只有墙壁。不管怎么说，

墙壁面积大，能安装小物件，也能挂画作为装饰，变化随心所欲。

顺便说一句，我家墙上装饰了十几个画框，包括玄关、卫生间等处的小画框。老实说，那些几乎都是我自己制作的作品。当然，能不能称为作品暂且不论，在这些市面上销售的相框里装上各种明信片，或者剪下日历装进去，制成一个个画框，的确给我家的墙壁增添了不少光彩。

我最喜欢的一幅画并不是自己制作的，那是一幅普通飘窗大小的画，画的是一个湖。临水而居是我的梦想，所以我一直想要一幅感觉“能从窗户看见水景”的画，四处搜寻之后，终于买到了这幅画。

我的客户里也有人喜欢亲自动手做些有趣的手工制品。例如，有的人喜欢看星星，晚上睡觉时就用家用天象仪在墙上投射出满天星空；有的人家里墙上没有窗户，也会挂上一幅窗帘，在窗帘后方贴一张英式庭院的海报，这样就实现了“看着鲜花盛开的庭院吃早餐”的梦想。

也就是说，**通过“装饰墙壁”，能营造出“你希望从房间看见的理想风景”。**

如果是你，希望从房间里看见什么样的风景呢？

如果墙壁上空无一物，那就实在太浪费了。

完成整理后，家里却没有变得让你怦然心动，说明家里缺少令人心动的元素。

首先，请尝试从装饰墙壁开始。也许不经意间，你就能打造出一个令人怦然心动的房间。

每一天怦然心动的
整理魔法

用擦地代替冥想

“没有吸尘器就活不下去吗？”

用了很久的吸尘器突然出现故障，我就产生了这个念头。

吸尘器不只重，电线插来拔去的也很麻烦。工作时不仅嗡嗡作响，还会散发出焦煳味道。所以趁这个机会，我重新研究了一下打扫地板的方法。

首先，我尝试使用的是长柄拖把。虽然用着还行，但不用的时候，长长的手柄还是很占地方。而且拖把本身也无法让我怦然心动，因此更不想放在房间里。

后来我把拖把送给别人了，只留下可更换的抹布使用。没想到这个方法特别好，但唯一的缺点就是抹布也很占空间。

我试了很多种方案，终于找到用纸巾擦地的方法。我使用的是车站前免费散发的低价纸巾。

每晚睡前，我都会穿着睡衣，从纸巾盒里抽出纸巾，心无旁骛地擦地。对我来说，晚上擦地可以代替冥想。

用纸巾擦地，安静无噪声，经济又实惠，也不需要收纳场所。还有比这更棒的打扫方法吗?

有段时间，我向身边的许多人推荐了这个方法，不过后来我搬了家，家里总有灰尘从阳台吹进房间来，而且用纸巾打扫整个房间实在太费时间，于是我改用轻便的无线吸尘器进行打扫。

尽管如此，现在擦地的时候我还是习惯亲自用手擦拭。虽然最近已经很少使用纸巾，更多情况下会用湿抹布擦地，但不管怎么说，光靠吸尘器吸地，总有一些地方还是清理不到。而且更关键的是，如果我一个星期都没有亲手擦地，反而会觉得浑身难受。

我在一本介绍整体按摩的书上看到过这样一句话："双手拿抹布擦地板时不要跪坐，而是要膝盖伸直向前移动擦地，这种姿势对于矫正身体歪斜、恢复端正体态是最有效的。"没错，这样擦地五分钟，就会感到呼吸格外轻松，后背有种拉伸后的舒服感，整个人都变得神清气爽。

身体舒展之后，头脑也会变得清醒，面对各种事情都能迅速做出决断，也不会再因一些微不足道的事而心烦气躁了。

擦地，也许可以称为家务劳动中的瑜伽或冥想。

另外，自己动手擦地以后，我还意识到，擦地是与房子的对话。地面是支撑着一个家的根基，怀着**“谢谢你今天也守护着这个家”**的心情擦地，房子仿佛也会做出回应，擦完后，整个地面似乎都变得更温暖了。

亲自动手擦地，能迅速拉近自己与房子之间的距离，比使用吸尘器和拖把的效果都要好得多。如果你家里的地面也是木质地板，请务必亲自动手擦拭。

每一天怦然心动的
整理魔法

尽最大可能
少用清洁剂

我还在上学的时候，有段时间妈妈不在家，我就会主动打扫家里。

不过，我这样做并不是出于孝顺，分担家事，而是除了自己的房间，我还特别想整理家里其他的地方。这种冲动很难克制，只有通过打扫掩护想要整理的事实。可能是我在整理上的“变态”秉性终于按捺不住暴露出来了吧！

用漂白水清理厨房的排水口，清除换气扇的油污，擦窗框，我按照不同用途使用各种清洁剂，暗中清除污垢让我觉得心情十分舒畅。

可是现在呢？我家里的清洁剂已经少之又少了。

只有厨房、洗衣机旁边、卫生间里各有一瓶清洁剂，另外只有一袋小苏打粉。

尤其是在打扫浴缸的时候，我完全不用清洁剂。

把浴缸里的热水放掉，再用淋浴喷头浇凉水降温，然后用扫除专用的毛巾擦干水。仅此而已。

我受不了浴室专用清洁剂的化学气味，就模仿妈妈以前的做法，用淋浴喷头浇凉水，清洁浴缸，结果发现效果特别好，清洗得非常干净。

擦浴缸的时候，我一定会跟浴缸打招呼说："谢谢你今天也让我清洗掉身上的污垢，感觉很清爽。你没有发霉，真了不起！"

以前擦地板，我也使用专用清洁剂，但是现在，我只使用到处都买得到的很普通的白色抹布。

擦过地的抹布上难免沾有黑色的污垢，清洗时是挺难看的，这时你可以采用视而不见的方法，仔细揉洗干净后，和其他衣物一起晾在阳台上不显眼的地方。如果抹布上的黑色污垢洗不掉，可以拿来擦纱窗或室外的空调，然后直接扔掉。

当厨房的燃气灶沾上油污时，也可以不用清洁剂，立刻用清水或热水直接擦拭就行。这个方法是我从客户那里学来的。

我认为，毫无负担地轻松打扫的窍门在于，不要过多地依赖工具。

话虽如此，我终究不是打扫方面的专家，对于详细的扫除技巧并不清楚。

不过，根据我观察不同客户的房子来说，**越是能时刻保持清洁的家里，扫除用品就越少，**往往只在厨房里放一瓶清洁剂，最多再有一两瓶专门用来洗衣服的洗涤剂而已。

这些人家擦地不用清洁剂，日常扫除全靠一瓶万能清洁剂就够了。

当然，这种万能清洁剂有许多人在用，但家里既有万能清洁剂，也有不同用途的其他清洁剂的人，与家里只有万能清洁剂的人相比，显然后者打扫得更勤快。

我从专职当家庭主妇的客户身上学到了很多打扫技巧，家里的清洁剂也变得越来越少。

据我所知，很多人在“整理仪式”完成之后，都迷上了扫除，并且研究出属于自己的一套打扫方法。

每一天怦然心动的
整理魔法

大大方方地穿着同一种风格的衣服

当衣柜里只保留下令自己怦然心动的衣服时，光是站在衣柜前面，都能感到心跳加快。

可是，随着整理的进行，衣服越来越少，有的人就会垂头丧气地说：“剩下的怎么都是一样的衣服。”因为整理后留下的衣服，不是相同的品牌，就是相同的颜色。

有一位客户整理后剩下的衣服，基本都是以米色系居多，彩色的单品则全部是绿色系的。

“我在一本时尚杂志的咨询专栏上见到有人说：‘总穿同一种风格的衣服，很烦恼。’我想到自己也是这样，心里就开始不安。”

于是，她为了解决这个问题，刻意买了红色和蓝色的衣服，结果穿上身后觉得一点儿也不合适，直接放在衣柜里再也没有拿出来过。

我鼓励她说：“也许是它们的使命结束了。”可她还

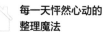

是会说：“可是不穿它们，又只剩下同一种风格的衣服了。我担心公司的人会把我当成‘米色女’或‘绿色星球人’。”

于是我问她：“你的朋友里有没有总是穿同一种衣服的人？”

“这么说起来，好像有不少呢。”

“你看到她们，会觉得‘怎么总是一样的打扮’吗？”

“不会。反倒是她们穿着跟平时不一样的衣服时，我才会觉得奇怪。”

没错。周围的人并不会在意你总穿同一种风格的衣服，相反，他们看到你的打扮和平时一样，才会感到安心自在。

不瞒大家说，我的穿衣风格就很单一，通常是连衣裙配对襟毛衣或夹克，或是白色上衣配裙子。我外出会穿的衣服八成以上是这样的搭配。我并不是要炫耀自己的单一造型，而是想说，我至今为止已经整理过无数人的衣柜，得出的结论就是，所有人的穿衣风格其实都很单一。

就算是穿衣风格看起来很多变的人，只要仔细观察对方选择的衣服的色调和版型，就会发现对方喜欢的“穿衣风格”。

整理衣服会让你重新回顾自己在选购衣服时所犯过的错误，其中肯定有很多不愿回忆的“黑历史”。我自己曾对买回来的不合适的衣服说："谢谢你让我知道这种版型不适合我。"然后把它们全部寄给了专门接收我不要的衣服的妹妹（这是个不好的示范，各位请不要模仿）。

但是，经过整理而留下来的衣服，必定是真正适合你的、穿起来很舒服的衣服。

所以，不要再不好意思了，请大方地穿同一种风格的衣服吧。

抛开时尚杂志上所谓的"每天的着装打扮必须不同"的观念，选衣服时就能感到轻松自在，心情也会变得很好。

不过，还有很多人在整理结束后，不是接受了色彩诊断，就是参加了时尚研讨会，结果"冷静"地拓宽了自己的穿衣风格，喜欢上了五颜六色的衣柜。如果是这种情况，请务必抓住机会，多做一些尝试。

顺便说一句，前面提到的那位喜欢绿色衣服的客户，她的整理过程中还发生了一件趣事。在和她一起整理照片，判断是否心动的过程中，她突然笑了起来。

"这是十五年前的照片。"

说着，她吐了吐舌头，递过来一张照片。我一看，照片里的她果然还是穿着绿色的上衣和米色的裤子。

她一边看着照片，一边微笑着说："一起拍照的家人都和现在一样，父亲总穿短袖衬衫和灰色裤子，母亲总穿白色 T 恤和蓬松的花裙子。看着真是叫人安心。”

“从今以后，我要理直气壮地称自己为绿色星球人。”

我心想那倒不用，最重要的是她接受了真正的自己，这才是最重要的。最后我们一起愉快地完成了照片的整理。

每一天怦然心动的
整理魔法

睡衣选择
纯棉或丝绸质地的
才好

在以是否心动为标准来整理物品之后，得到显著提升的是“怦然心动感受度”。

上整理课时，我会对客户反复提及“怦然心动感受度”。那么这个词究竟是什么意思呢？

一言以蔽之，就是**五感的敏锐度。**

也就是说，“怦然心动感受度”高的人，在味觉、嗅觉、触觉、视觉、听觉方面，都能敏感地判断出一个物品“是否能让自己感觉舒服”。也可以说，一个人只要以是否心动为标准，反复做出判断，就可以磨炼自己的本能感觉。

而且，在这五感里，通过整理能够迅速变敏锐的，无疑是嗅觉和触觉。

首先要补充一句，视觉的敏锐程度当然也能得到很大的提升。整理之后，进入视野的物品数量有所减少，容易发现不要的东西，再加上考虑收纳的平衡，这样一来，视觉美感就会得到提升。

不过，据说人类平时在做出判断时所依赖的感觉，八成以上都是视觉。从这个意义上说，人类的视觉本来就已经很敏锐了。所以，变化最大的还是触觉和嗅觉。

接下来要切入正题了，为什么说整理能让触觉和嗅觉变敏锐呢？

这是因为完成整理的人最显著的变化，其实体现在所选择的“令自己怦然心动的材质”上。

比方说，化纤材质的衣服减少了；想用木质收纳盒代替塑料收纳盒；想把以前收纳在塑料袋里的物品装在布袋里进行收纳。

随着怦然心动感受度的提升，我们进一步追求触摸物品的感觉（触觉）和清新的居家空气（嗅觉），最后会变得很在意物品的材质。

顺便说一句，在这种情况下通过嗅觉所感受到的空气，与其说是熏香或檀香散发出来的香气，不如说是本质上形成的居家氛围的空气。

具体来说，木质物品就是“令人心安的稳重感”，钢制品就是“冰冷澄澈的凛冽感”，塑料制品就是“纷杂的热闹感”。

家里的空气感是由家中物品的材质决定的。对其中差异最敏感的，其实是嗅觉。

不过，所有选择标准都像这样逐渐变得原始化、感觉化，有时也会带来麻烦。

说真心话，我希望所有衣服都能使用天然材质，把塑料材质的家具和收纳用具通通扔掉，我甚至想干脆放弃都市生活，住到森林里去。

然而，这种事不可能立刻实现，所以我只能死守一个原则，就是睡衣的材质必须是百分之百的纯棉或者丝绸质地。不过，丝绸太奢侈了，所以我的睡衣实际上几乎都是纯棉的。

在每天的生活中，能让我们从大脑飞速转动的各种思考中解脱出来，回到最放松状态的，无疑就是睡眠时间。**如果你追求生活的舒适度，最正确的做法就是将资源集中投入到睡眠时间上。**

偷偷告诉大家，每次我需要好的创意，或是遇到麻烦的事情时，肯定是在“早晨醒来的一瞬间”想到好的主意或者解决方法的。

尽最大可能确保睡眠时的舒适状态，不只是五感，就连第六感也会在不知不觉间变得敏锐起来。

每一天怦然心动的
整理魔法

床单和枕套一天一洗，舒畅的感觉无与伦比

某次我正劲头十足地讲解对睡衣材质的执着和睡眠时间的重要性时，客户向我推荐了一本书。

书名叫作《简单而奢侈地生活》（木村里纱子著，钻石社）。作者是一家室内装饰店的店员，她把自己对生活的热情集中投向了“舒适的睡眠”。

她一个人住，却有两间卧室。除了平时的卧室，本来用作客厅的地方也放了一张床。她每天都会换不同的房间住，今天睡时髦风格的卧室，明天睡浪漫风格的卧室。

而且，她有一个专门放睡衣的衣柜，里面用衣架挂着一大排五颜六色的睡袍和睡衣，放床单的格子里整齐地收纳着蓝色、粉色、花纹等各种风格的亚麻床单，随心情更换使用。

她的卧室搭配得如此有品味，光是看照片，就令人心醉神迷。

“多么舒适的生活啊！我也要！”这个念头在我脑中

一闪而过，可我当时刚搬家，只有一间房间，放不下第二张床，而且房间里的木质衣柜早已经塞满了我的衣服，没有多余的地方收纳新的床单了。

能不能仅凭现有物品，最大限度地实现舒适的睡眠呢？

我的目光突然落在床单上，心里冒出一个念头："干脆试着每天清洗床单吧。"

说实话，我从小就梦想着能像住在酒店一样，每天睡觉时躺在新洗过的床单和枕套上。可等到我真的开始一个人住了，却总是很忙，好几天都睡同一张床单。

从那天起，我每天都清洗床单和枕套。令人惊讶的是，这个习惯一直维持到了今天。

当初我只有一张床单，现在已经有好几张床单了。回想起来，我真的不知道是怎样坚持每天清洗床单和枕套的。只记得当初出门上班之前，我会对洗过的床单说："拜托你快干吧。"如果当天回家发现床单没有晒干，我就只好直接睡在枕芯和床垫上。虽然有些本末倒置，但我还是很努力地维持每天清洗床单这一习惯。

话虽如此，其实像每天洗床单这么麻烦的事，之所以能成为习惯，原因很简单，就是睡在干净床单上的舒适度绝对是顶级的。

如果每晚都能睡在洗净的床单上，第二天早上起床时，就能明显感受到，昨天一天的心烦意乱都已经落在床单上了。

这样一来，身体自然就会变得格外轻盈舒畅。

人在睡眠期间，全身细胞都会重获新生，第二天起床就会是一个全新的自己。如果你能切实体会到这一点，一定会想要每天更换干净的床单，这种感觉跟每天洗澡、刷牙是一样的。

每一天怦然心动的
整理魔法

内衣重在
“一见钟情”

完成整理后，最先改变的是对物品材质的选择。

所以，睡衣我必须穿纯棉或丝质的。

虽然我这样信誓旦旦地说着，但老实讲，我对内衣的材质并没有什么特别的坚持。

这么一说，好像我对内衣毫不在意一样。其实恰恰相反，我很重视内衣，把文胸尊称为“Bra 女王”。

上整理课时，我经常嘱咐客户：“Bra 女王应该享受 VIP 级别的收纳待遇。”“如何对待 Bra 女王就是如何对待自己。”一旦发现有客户把文胸胡乱塞进塑料抽屉里，我还会语气严厉地提醒对方。

做到这种程度的我，被称为“文胸教徒”也不为过。我承认我确实对文胸的收纳有着自己的坚持。

为什么对文胸的收纳如此执着？我想了想，可以追溯到我上高中的时候。

我十四岁生日那天，奶奶带我去商场，本来以为她会给我买外套，结果她却把我带到了商场的内衣专柜，认真地对一头雾水的我说："对女人来说，内在美比外在美更重要。"

奶奶要我自己挑选喜欢的内衣，我害羞地在店员的建议下，选了一套文胸和内裤。

从那天起，到我步入社会之前，我几乎再也没去过商场的内衣专柜仔细挑选文胸，可是当初窥见"梦幻国度"时的兴奋感，至今依然记忆犹新。

在我心里留下最深刻印象的，就是那些排列在专柜里的文胸，鲜艳的色泽犹如宝石般美丽。正是当时的那一幕，促使我萌生出**"文胸如同宝石般高贵"**的想法。

回到刚刚提及的材质的话题。有段时间我也曾执着地寻找天然材质的文胸，又是试穿客户的推荐，又是自己上网搜索。

可我就是找不到能让我怦然心动的文胸，不是价格太贵，就是国外生产的文胸尺寸不合适。

就这样，我当了一年多的"文胸难民"，最后我发现外观可爱、尺寸合适的文胸才是最好的选择。

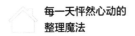

就目前来看，没有哪种材质比化学纤维更适合制成色

彩鲜艳的蕾丝和做出细致精湛的设计。从这个意义上来说，化纤材质无疑是最好的。

收纳文胸时，按照颜色分类从深到浅整齐排列，那种怦然心动的感觉是无可替代的。

完成整理后，我们对于文胸的观念会发生变化，但这种变化是因人而异的。原本以黑色文胸居多的客户，为了提高恋爱的好运度，变成了粉红色文胸爱好者；有的喜欢白色文胸的客户，突然有一天决定只穿红色的文胸。

甚至有人觉得穿文胸太憋闷，一点儿也不喜欢，于是决定穿无钢圈的文胸，或者直接不穿文胸。

恐怕没什么工作比整理更能见证这么多女性的内衣喜好了，大家都在随心所欲地享受着文胸带来的怦然心动的感觉。

那么你呢？对你来说，文胸令你怦然心动的闪光点是什么呢？是外观，是舒适度，是材质，还是颜色？

无论如何，**文胸能决定你的情绪和气场，请务必给予VIP 级别的待遇。**

每一天怦然心动的
整理魔法

练习欣然接受礼物

擅长送礼物的人在我看来真的很了不起。

而我非常不善于送别人礼物，甚至有段时间，我没给任何人送过礼物。

每次一遇到节日，我都送贺卡。就算送东西，也仅限于花束、食物等“不能保存的东西”。能保存的东西我担心对方用不上，会成为负担，如果被对方扔掉，我又会很伤心。

我曾在整理现场见过客户烦恼的样子，有些东西他们“一点儿也不喜欢，可是别人送的礼物，又不能扔”。我还见过有人当着赠送人的面就把礼物扔掉了，结果两人大吵了一架。可能就是因为这些经历，我才患上了送礼恐惧症。

当然，我几乎没有主动给自己添置过多余的东西，就算在客户家里整理时，客户说“有看上的东西就拿走吧”，我的回答也总是“心领了”。至于街头散发的礼品和传单，我更是无论如何也不会接。

我工作上的助理香织小姐和我一样，也是擅长整理、不想给自己添置多余东西的人。所以她每次过生日，我要么提前问好她需要什么，要么直接送大米券，总之以实用为标准。

后来她要结婚了，我想送一件跟以前完全不同的礼物，也就是被我列为“令人困扰的非实用性礼物”的手工制品。

当然，为了避免这一尴尬，我事先和员工们商量好，决定制作一副厨房用的隔热手套。

买回材料，制作底样，装饰刺绣和串珠等，每个人做好自己负责的那部分，然后传给下一个人继续进行。我负责的是刺绣。没想到刺绣特别有趣，简直令我着迷。

在整理时，添置东西容易带来罪恶感。所以，就算是送给重要之人的礼物，在“希望对方喜欢”之前，也应该先考虑“别给对方添麻烦”。我一边绣着她喜欢的名言，一边这样想。

后来，当她收下这件礼物的时候，我发现她是发自内心地感到高兴，这让我觉得偶尔送人礼物也是件不错的事情。

不可思议的是，随着“绝对不送人东西”这一顽固观念的瓦解，渐渐开始送人礼物之后，我收到礼物的机会竟然也变得多了起来。

而且，“收到别人送的礼物”是一件很愉快的事。

每一次提到送礼这件事情，总会有人开玩笑说：“你不会现在说很喜欢，回头就扔掉吧？”

CONFISERIE
ZÜRICH

事实上我并没有那样做过。

可能因为我以前的人生主旋律就是整理，扔掉过很多东西，所以现在的我反而会充分地利用收到的礼物。

我会一直使用朋友送给我的手制印章、床单等礼物。偶尔收到肖像画、摆件等装饰物，当天就会把它们摆在家里。至于甜点、红茶等食品，会在三天之内和同事们共同享用。

上整理课时，我经常能在客户家里发现没用过的礼物。每当这时，我就会要求客户将其拿出来使用，或者把这件事情当成家庭作业。有位客户只要一上课，就会用新的精美的餐具倒茶给我，每回都像奢华茶会一样。

有效活用礼物有三个要点，分别是**“收到后立刻拆开包装”“从盒子里拿出来”“当天就开始使用”。**

也有人问过我：“如果收到的礼物不喜欢怎么办？”

不用担心。只要完美地完成“整理仪式”，以后收到的礼物就会通通变成“令人怦然心动的物品”，就是这么神奇。所以，就算是现在不怎么心动的礼物，也建议你勉强试用一下。

看见“勉强试用”这个词，可能有些人会产生误解。其实，正因为我们通过整理，认清了身边的物品和自己的喜好，才能有闲暇尝试使用其他物品，享受与平时不同的别样人生。

当然，并没有人规定必须永远使用一种物品。如果用过一段时间，觉得那个物品已经完成使命，就可以处理掉了。这时不用心怀愧疚，只要发自内心地表达感谢，然后放手就可以了。

老实说，我也是直到最近，才变得能灵活从容地对待物品了。

整理是凭借自己的力量，从现有物品里进行筛选，这是一种“可以努力提升的技巧”。所以，习惯了整理的人，忽视了之前坦然接受礼物的能力。

最近，除了欣然接受礼物，在街头遇到有人热情地发传单，我也会笑着接过；在特产店里，如果有店员特意告诉我“大盒的更实惠”，我也会试着听从他的建议。

自从能够自如地接受别人的好意之后，我觉得生活变得轻松了许多。

用“接受别人赐予的命运”来形容，可能有些夸张，但在我看来，活用礼物是一种练习，练习的是掌握降临在自己身上的各种机会。

所以说，把好不容易收到的礼物弃置不用，实在是暴殄天物。

与物品的相遇必有意义。就算一开始无法参透这一点，只要试着用一用，也许就能意外地发现隐藏在其中的乐趣。

每一天怦然心动的
整理魔法

培养“努力十天”的新习惯

清空手提包，每天洗床单，每天擦鞋底，这些都是我日常习惯的一部分。

看起来好像很麻烦，所以有些人一开始实践就会以“自己太忙，做不到那么勤快”或者“我没办法每天这么做”为借口选择放弃。

养成一个新的习惯，对任何人来说都是很难的。我当然也不例外。

我也并不是从一开始就养成习惯，而是通过某种方法才坚持下来的。

以前我曾对学员真由美说每天都会洗床单的事情，她立刻兴奋地表示：“我也要试试！”可接着又说：“一天一洗太麻烦了，我想从三天一洗开始！”

既然她真心想试，我立刻劝说她：“那可不行。可以先以十天为限，在这十天里，坚持做到每天换洗床单。”

也就是说，要做到“短期内彻底搞定”。要像“整理仪式”一样，完成“洗床单仪式”。

各位可能会疑惑，为什么三天一洗的循序渐进的做法不行呢？

培养新习惯的时候，最费力的就是第一步，也就是改变行为的一瞬间。

与其漠然地想着“今后必须一天一洗”，还不如限定一个期限，“先尝试努力十天”，这样更容易维持干劲。

一旦养成“三天一洗”的习惯，再想继续挑战“一天一洗”，就必须拥有再次改变的力量。这就好比要登十级台阶，一开始蓄势待发，费尽力气，却只是从第一级台阶来到了第二级台阶，接下来还得继续攀登。那么，这第一步偌大的力气显然就浪费了。

而且，要想让一个新习惯定型，需要体会到最舒适的感觉。睡在三天一洗的床单上，其舒适度远比不上一天一洗的床单。

就算一开始有些辛苦，区区十天总能坚持下来。在限定时间内每天努力更换床单，就会被那种舒适感迷住，自然而然就能养成每天洗床单的习惯。

当然，有的人可能在努力过程中，渐渐了解到自己的需求，觉得“一天一洗还是做不到，要是四天一洗还不错”。如果是这样的话，只要根据自己的情况，适当做出调整就可以了。

我认为，既然开始做一件全新的事，就应该先一口气挑战最高难度，最大限度地尝到其中的甜头，这样更容易养成新习惯。

像“每天洗床单”“清空手提包”这些行为本身不需要任何练习与技巧，效果就会好到令人意想不到。如果学习英语或钢琴，要想见到成效，需要好几年的时间，而天天洗床单任何人都能做到，所以效果往往立竿见影。

顺带一提，真由美顺利完成“十天洗床单仪式”后，已经顺利养成了“每天洗床单”的习惯。而且她通过同样的方法，还逐渐养成了一些别的好习惯。由此可见，想要养成新习惯，就跟整理一样，**“短期内彻底搞定”**是最重要的。

十天，就从今天开始。

你想进行什么样的“仪式”？

如果你已经完成了“整理仪式”，我相信，任何“仪式”都难不倒你。

每一天怦然心动的
整理魔法

结语

利用现有的物品，
过上怦然心动的生活

“我想有一个能叫朋友过来玩的家。”

这是 K 女士的“理想生活”。

拥有能让亲朋好友共聚一堂的家，享受与朋友或家人一起用餐的愉快时光，这应该是很多人的目标，其中就包括 K 女士。

“我一直很想办家庭聚会！还一次也没办过呢……可是整理结束之前，我没办法叫朋友来家里玩。”

K 女士的整理进展很顺利，在完成书籍整理中途休息的时候，她拿出了从附近面包店买来的面包给我吃。

顺便说一句，我平时上整理课，往往都是一口气整理完，从不休息。所以 K 女士特意为我准备点心，我真的很感谢她。

不过有些遗憾的是，面包随随便便地装在塑料袋里，喝的也是市面上兜售的瓶装饮料，叫我随意挑选自己喜欢的口味。

这样的做法真的很浪费特意去买面包的这份心意，如此难得的用餐时间变得美中不足。

“厨房虽然还没整理完，拿几件让人心动的餐具用用应该没问题吧？”这样想着，我请 K 女士稍等片刻，起身去查看她家的餐具柜。

我发现，K 女士的柜子里摆满了漂亮的盘子，尤其是最深处有个画着鲜花图案、笔触细腻、格外漂亮的盘子，仿佛正在对我说：“用我吧，用我吧！”

我把那个盘子拿了出来，又用烤箱把面包微微加热，放在盘子上，接着，将塑料瓶装水倒入放在木质盒子中的玻璃杯里。

前后不到三分钟，一次匆忙简陋的工作餐就变成了格调雅致的下午茶。

我想说的是，只要灵活利用家里的“现有物品”，很多“理想生活”都能立刻实现。

你是不是以为，只有厨房里摆满成套漂亮餐具的人，才能实现“理想生活”？

其实不然。只要下一点儿功夫，发挥一点儿创意，再稍添加些情趣，仅凭现有的物品，任何人都能立刻过上怦然心动的生活。

有许多方法可以帮助我们拥有怦然心动的生活，比如，享受每一个季节特有的节日活动。

我的母亲特别喜欢过节，所以我家每个月都会举办各种庆祝仪式。

比如，节分（立春前一天）那天，一家人，无论年纪大小，都要玩角色扮演的游戏，各自戴上自制的鬼面或动物犄角；七夕那天，要把愿望写在短笺上，挂在竹子上；中秋节当晚，窗边要摆放芒草和堆成小山一样的月见团子（一种用糯米做成的白色丸子）。

除了传统节日，一到万圣节，妈妈就会用柑橘代替南瓜（柑橘更容易准备，数量也比南瓜多），画上人脸，装饰在各个房间里。

进入十二月后，走廊里会摆放圣诞树，装点圣诞节饰品。到了平安夜，会把从附近超市买来的火鸡系上可爱的蝴蝶结，端到桌上，一家人享用丰盛的圣诞节大餐。

由于我自己并没有每个月按照节日更换家中装饰的习惯，所以我特别喜欢一家人欢腾热闹、家里装饰得格外漂亮的圣诞节时期。

看到这里，各位可能觉得我们一家人和睦得不得了，但其实我也像你们一样，有过叛逆期，遇到妹妹面临考试时，家里也会停止这些节日活动。

不过，我自懂事起就觉得，每年都能阖家团聚，欢天喜地、热热闹闹地过节，实在是一件极为难得、值得庆幸的事。

最近我发现，**我们的生活并不是“变得”幸福，而是“拥有”幸福。**

虽然我的人生阅历还不多，也许没资格说这种话，但我还是真心地认为幸福是让我们“拥有”的珍宝。

顺便说一句，我会配合季节更替，在自家玄关的角落里摆放布偶娃娃。

用双面胶把布巾简单地粘在墙上，结果却像换了墙纸一样，整个家里的氛围都为之一变。每次换季时更换布巾，心中就会浮现出以前跟家人在一起时的点点滴滴。

这些回忆毫不稀奇，每个人都曾有过。

然而对我来说，却是永远都不可替代的珍贵回忆。

完成整理，你的人生一定会发生改变。

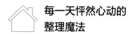

而且许多人甚至发生了翻天覆地的变化。

即使改变没有那么夸张，仅仅变得能够愉快地品味人生中的每一天、每一个瞬间，享受生活，对我来说就足够了。

希望你能通过实践“整理魔法”，拥有怦然心动的家、怦然心动的人生以及怦然心动的每一天。

每一天怦然心动的
整理魔法

后记

好好享受每一天的生活

几年前，我开始写人生中的第一本书——《怦然心动的人生整理魔法》。

我基本上都是在每天后半夜两点到第二天早上六点写稿。我天天绞尽脑汁，却迟迟没有进展，一直期待能有“文曲星”之类的神仙帮忙，结果我还是一点儿灵感都没有。可就算这样，我还是想尽量坐在电脑前，说不定什么时候就能来灵感呢。所以，连吃喝拉撒这些日常最基本的事情，我都觉得是在浪费时间。

可是，不吃东西肚子就会饿，就没办法集中精力，写作就会中断，而我不希望写作中断。实在挺不住了，我打开冰箱一看,取出仅存的草莓酱,三下五除二就把果酱舔干净了。

当时的生活状态无论怎么看，都看不出丝毫令人怦然心动的地方。

现在回忆起来，知道没吃的就该去超市买，想上厕所就不能憋着。可那时，我的脑子早就成了一团糨糊，只想着写作，根本没有别的想法。

这就是我以前的生活状态，完全没有怦然心动的感觉。而现在我有了学员们，有了在工作上帮助我的伙伴们。随着这些人的出现，我的心态逐渐变得从容起来，终于能愉快地享受“每天的生活”了。

认真做早饭，自己动手尝试制酱，配合季节更换家里的装饰……这些普普通通的事，让我觉得生活充满了乐趣。

在我写这些话的当下，我的学员真由美和其他小伙伴发来邮件，咨询我关于整理的问题，而在我回复邮件的时候，又有下次整理研讨会的事宜亟待处理。这样忙来忙去，一转眼就到了去上整理课的时间。一旦进入整理工作时间，我就会一下子兴奋起来，变得干劲十足。由此可见，我确实很喜欢整理这份工作。

整理不仅能让人生发生戏剧性的变化，还能让人对生活中微不足道的小事怦然心动，真的非常神奇。

我希望今后也能以各种形式，继续向大家传递整理的魅力和功效，让更多的人知道和了解整理是什么。

我要感谢在本书的出版过程中，始终在我身边给予大力支持的 SUNMARK 出版社的高桥编辑，还有为本书拍摄美照的夏野莓女士以及所有相关人士，真的谢谢你们。

此外，我还要由衷地感谢每一位看完本书的读者。

希望你也能拥有“怦然心动的每一天”。

——近藤麻理惠

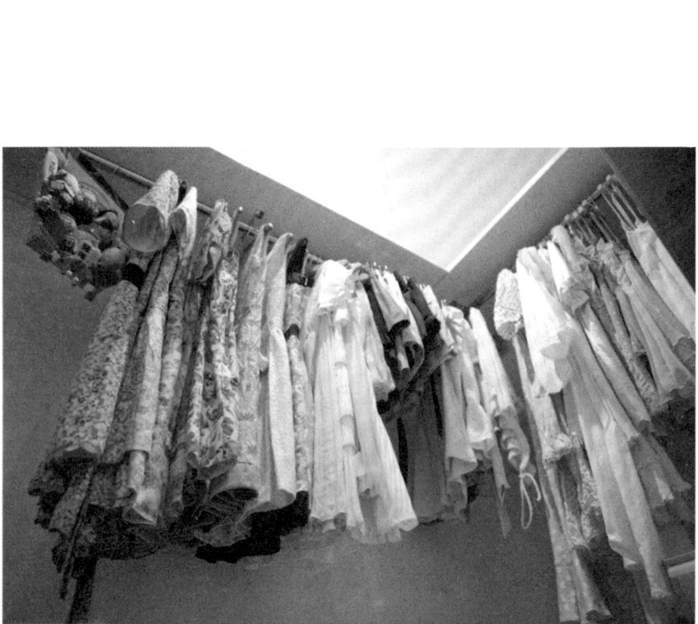

著作权合同登记号：图字 18-2022-223

图书在版编目（CIP）数据

每一天怦然心动的整理魔法 /（日）近藤麻理惠著；程亮译 . -- 长沙：湖南文艺出版社，2023.1
ISBN 978-7-5726-0942-8

Ⅰ. ①每… Ⅱ. ①近… ②程… Ⅲ. ①家庭生活－通俗读物 Ⅳ. ① TS976.3-49

中国版本图书馆 CIP 数据核字（2022）第 216279 号

上架建议：畅销・生活

MEI YITIAN PENGRAN-XINDONG DE ZHENGLI MOFA
每一天怦然心动的整理魔法

著　　者：[日] 近藤麻理惠
译　　者：程　亮
出 版 人：陈新文
责任编辑：刘雪琳
监　　制：邢越超
策划编辑：李齐章
特约编辑：尹　晶
版权支持：辛　艳　刘子一
营销支持：文刀刀　周　茜
装帧设计：梁秋晨
出　　版：湖南文艺出版社
（长沙市雨花区东二环一段 508 号　邮编：410014）
网　　址：www.hnwy.net
印　　刷：三河市中晟雅豪印务有限公司
经　　销：新华书店
开　　本：775mm × 1120mm　1/32
字　　数：107 千字
印　　张：7
版　　次：2023 年 1 月第 1 版
印　　次：2023 年 1 月第 1 次印刷
书　　号：ISBN 978-7-5726-0942-8
定　　价：52.00 元

若有质量问题，请致电质量监督电话：010-59096394
团购电话：010-59320018